IUV-ICT 技术实训教学系列丛书

窄带物联网(NB-IoT)技术实战指导

陈佳莹　刘忠　马芳芸　彭超　林磊　编著

西安电子科技大学出版社

内 容 简 介

本书包括 3 章，分别是实战平台介绍、实战基础和实战进阶。

本书以 NB-IoT 组网技术为主要内容，以综合实训软件"IUV_NB-IoT 全网规划部署与应用教学软件"为配套，模拟网络规划、网络部署与联调、业务对接测试和故障处理的交互过程。书中的难点及重点内容均配套相关线上学习资源，同时结合综合实训软件，既能加深理论知识的掌握，又能提升学生的工程实践技能。

本书可作为高等院校移动通信专业的网络教材或参考书，也适用于需要通过综合实训软件以及资源平台学习提升通信技术知识的技术人员。

图书在版编目(CIP)数据

窄带物联网(NB-IoT)技术实战指导 / 陈佳莹等编著.—西安：西安电子科技大学出版社，
2020.4(2025.1 重印)
ISBN 978-7-5606-5631-1

Ⅰ. ① 窄⋯　Ⅱ. ① 陈⋯　Ⅲ. ① 互联网络—应用—高等学校—教材　② 智能技术—应用—高等学校—教材　Ⅳ. ① TP393　② TP18

中国版本图书馆 CIP 数据核字(2020)第 043057 号

策　　划　高　樱
责任编辑　雷鸿俊
出版发行　西安电子科技大学出版社(西安市太白南路 2 号)
电　　话　(029)88202421　88201467　　　　邮　　编　710071
网　　址　www.xduph.com　　　　　　电子邮箱　xdupfxb001@163.com
经　　销　新华书店
印刷单位　陕西日报印务有限公司
版　　次　2020 年 4 月第 1 版　　2025 年 1 月第 2 次印刷
开　　本　787 毫米×1092 毫米　1/16　印 张　9.75
字　　数　227 千字
定　　价　22.00 元

ISBN 978 - 7 - 5606 - 5631 - 1

XDUP 5933001-2

如有印装问题可调换

前　言

目前，万物互联的一站式信息化生活方式已逐步进入千家万户，通信领域的连接交互正从人与人扩展到人与物、物与物，成功打破传统沟通壁垒。在未来网络加速演进的浪潮之下，窄带物联网（NB-IoT）以其独一无二的技术特性，已成为移动通信领域的主角。截至 2018 年年底，中国移动、中国电信和中国联通三大运营商已在全国重点城市完成超百万 NB-IoT 基站的商用部署；预计到 2025 年，NB-IoT 基站规模将达到 300 万，其规模化建设与商用将为我国物联网应用产业的发展奠定坚实的基础。

物联网技术飞速的发展将带来更多的就业机会。为满足日益增长的岗位技能需求，促进 NB-IoT 网络技术的推广，IUV-ICT 教学研究所针对 NB-IoT 网络的初学者、高职高专及本科院校的学生，结合"NB-IoT 全网规划部署与应用教学软件"编写了本书，旨在通过通俗易懂的操作讲解帮助学生提升网络规划建设和日常维护优化的技能。

本书在简要介绍"NB-IoT 全网规划部署与应用教学软件"的基础上，加入了实战基础与实战进阶的相关内容。其中，第 1 章主要介绍软件特色、功能及课程规划；第 2 章介绍实战基础相关实验操作，主要内容为网络规划、设备配置和数据配置的相关实验，例如网络规划中的网络拓扑设计实验、设备配置中的核心网机房配置实验以及数据配置中的 MME 数据配置实验等；第 3 章介绍实战进阶相关实验操作，主要包括实战综合实训和实战优化实训的相关实验，例如实战综合实训中的承载网典型配置实验以及实战优化实训中的 RSRP 与 SINR 优化实验等。

由于编者水平有限，书中难免存在一些缺点和欠妥之处，恳切希望广大读者批评指正。

编　者

2020 年 2 月

目　录

第1章 实战平台介绍

NB-IoT 凭借其大连接、广覆盖、低功耗、低成本四大特性，在诸多物联网通信技术中脱颖而出，成为中国移动、中国电信和中国联通三大运营商指定的物联网通信技术。在国务院《"十三五"国家信息化规划》及工信部《关于全面推进移动物联网(NB-IoT)建设发展的通知》文件指导下，2018 年物联网在国内实现了井喷式发展，国内三大运营商联合华为、中兴、爱立信等设备供应商在多个重点城市开启了物联网商用试点，且已实现规模化商用开户放号。放眼全球，当前蜂窝物联网商用网络数已超过 100 个，预计 2020 年年底将达千量级，万物通信必将实现跨越式发展。

在信息化时代背景下，物联网技术的应用已成为新时期各领域、各行业信息化建设与发展的趋势。物联网技术有效促进了人与社会之间的连接，如图 1-1 所示。近年来，随着信息技术和物联网技术的不断发展，在物联网技术百家争鸣中，窄带蜂窝物联网技术得到业界的高度关注，逐渐成为通信领域中重要的研究课题。

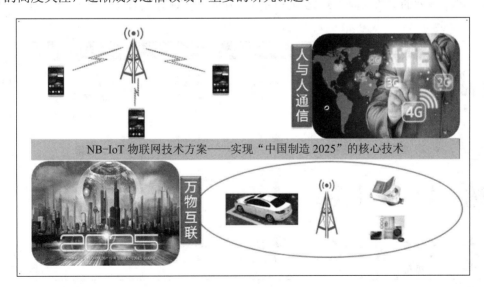

图 1-1

依托物联网发展建设的背景，笔者以当前最新的 NB-IoT 网络为知识体系，结合相关理论与工程实操技能，开发出 IUV_NB-IoT 全网规划部署与应用仿真系统(以下简称为

IUV_NB-IoT 软件，后文中"IUV""平台"均指该系统)。本书所使用的 IUV_NB-IoT 软件是针对窄带蜂窝物联网网络工程建设的仿真设计，包含了端到端的网络建设过程，可以帮助学生深刻理解 NB-IoT 关键技术原理，同时熟练掌握工程实操技能，实现从理论到实践，由表及里全方位突破 NB-IoT 网络学习壁垒的目标。

1.1 平 台 特 色

IUV_NB-IoT 软件平台的主要特色如下：

(1) 通用网络协议，摆脱厂家限制。

为保证操作实训具备良好的通用性、实效性和可复制性，IUV 综合国内主流厂商的设备组网、调试、验证方式，完全基于通用协议开发，脱离厂家限制。软件系统模拟通用网络建设过程，全面培养学生理论和实操综合处理能力。不论中兴、华为、爱立信或其他设备供应商的设备，IUV 所学知识都能够应用。

(2) 完全自主灵活的网络仿真。

IUV 基于协议进行系统开发与仿真，给学生提供完全自主的实训环境，任何参数、任何配置连线及任何网络架构均可灵活自主搭配，满足任何级别、任何层次的教学任务及目标，可繁可简，收放自如。

(3) 极低的实训成本，极好的效果。

对于传统实训模式，IUV 的实训成本极低，并且有"多并发""人人皆可动手""贯穿教学"等一系列的优势，是性价比最高的实训方案。实训方案对比如图 1-2 所示。

	传统实验室实训	工程现场实训	在线实训视频	教材自学	仿真教学	
效果	◆较好 ◆80%效果	◆最好 ◆100%效果	◆较差 ◆无实训	◆最差 ◆无实训	◆较好 ◆80%效果	最佳性价比实训方案
成本	◆极高 ◆实验室建设	◆极高 ◆集中现场	◆低 ◆在线点播	◆极低 ◆教材印刷	◆低 ◆仿真应用	
覆盖	◆极低 ◆区域/本校	◆极低 ◆工程项目	◆极广 ◆互联网	◆较广 ◆教材覆盖率	◆广 ◆软件覆盖	
设施	◆受限 ◆实验室环境 ◆极低并发	◆受限 ◆工程项目	◆不受限 ◆互联网环境	◆不受限 ◆印刷/PC	◆不受限 ◆PC环境	

图 1-2

(4) 对环境要求极低，安全便捷，低碳环保。

相对传统的实验室实训模式，IUV 不需要任何的装修、安装、上电调测等过程，保证了学生的安全，无须登高，无须带电作业，同时也免去了维护配置等成本，大大降低了能耗，节约了场地，绿色环保。

只需要保证能够访问公网，并且每个实训终端能够保持稳定 50 kb/s 的带宽即可完成实训，3G/4G 网络下测试极为流畅。

(5) 丰富的教学辅助功能。

除了涵盖专业的通信技术，完成对应的实训内容教学和实操训练，IUV 系统还提供了配套的教育辅助功能和配套教育资源，供教师零门槛学习和使用，将实训教育教学的功能发挥到极致。

课堂中：教师可将对应授课内容的实训练习题推送给学生，并且采用 IUV 系统进行教学，学生同步跟进教师的演示实训。

课堂后：教师可将对应的课后练习题发送给学生，学生在规定时间内完成，教师可随时查看学生的完成情况和详细的实训过程。

自学：学生也可自己进行自由开放的学习和练习。

统计：教师可以统计学生的学习情况、使用状态、使用时长等数据，方便跟进每一个学生的学习情况和学习动态。

1.2　平　台　功　能

IUV_NB-IoT 软件平台把握物联网最新发展趋势，以当前最新的 NB-IoT 网络为知识体系，从无线、核心网、IP 承载网、光传输网等多个维度分层次设计课程内容，帮助教师、学生全面了解及熟练掌握 NB-IoT 理论及实际网络应用知识。该实训平台分为拓扑设计、网络规划、设备配置、数据配置、业务调试和管理平台六大模块，契合网络建设的不同阶段。

学生登录实训平台后，可根据给定的项目背景需求进行网络拓扑规划与网络覆盖容量规划，结合规划结果模拟搭建无线网、承载网及核心网的机房环境，包括设备硬件、对接线缆等。机房硬件环境搭建完成后，进入数据配置界面完成各机房的设备数据配置，按任务要求完成基本业务与补充业务开通操作。任务完成后学生可在业务验证界面进行 Attach 测试、Ping 测试、上传测试、下载测试、小区重选测试以及模拟智能物联网终端行为与任务管理等功能操作。

下面介绍该平台的六大模块。

1. 拓扑设计

拓扑设计模块用于根据任务进行网络拓扑设计，旨在培养学生理解网络架构和进行拓扑设计的能力。

根据任务背景要求，通过网元拖放及连线完成核心网、无线网及承载网网络规划拓扑设计，并能达到最优方案。该平台界面如图 1-3 所示。

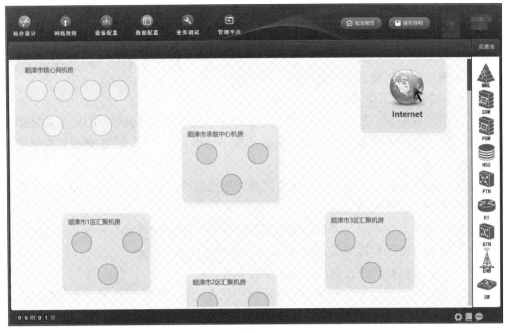

图 1-3

2. 网络规划

网络规划模块涵盖无线接入网覆盖规划与容量规划、核心网容量规划、承载网容量规划与各部分综合规划。学生需根据任务背景与城市特征完成各部分参数输入,遵循步骤公式完成计算,并根据无线综合结果得出站点数目。核心网容量规划与承载网容量规划的计算结果决定最终带宽选择。网络规划部分完全以协议规定模型为出发点,考查学生链路预算、信道容量、站点模型等多种规划的基础知识。该平台界面如图1-4所示。

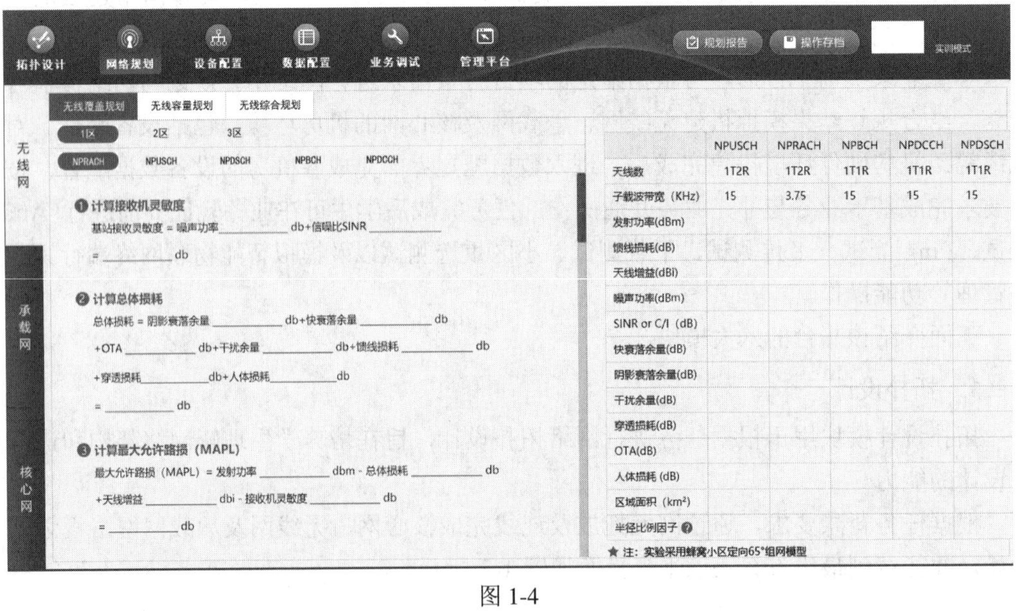

图 1-4

3. 设备配置

设备配置模块根据任务描述完成设备的型号选择、布放、线缆连线等任务，主要培养学生对机房设备部署与设备连线的实际操作能力。设备配置共有 11 个机房，包含 1 个核心网机房、6 个站点机房、3 个承载汇聚机房与 1 个承载核心机房，所有机房设备均去厂商化，以通用接口模型和设备形态为原型设计。该平台界面如图 1-5 所示。

图 1-5

(1) 无线接入网机房设备配置：需要完成 3 个行政区共 6 个站点机房的设备部署、塔顶天线布局以及网元线缆连接等步骤。

(2) 承载网部分：通过容量计算结果判断从骨干网到接入各机房的设备性能，以此为基础进行 IP 承载设备和光传输设备在机房内的部署，同时完成设备之间、设备与 ODF 架之间的连线操作。

(3) 核心网部分：首先根据容量估算结果进行设备类型及性能的选择，然后完成设备布放以及核心网设备内部及核心网设备与外设之间的线缆连接。

(4) 设备配置整体模块与后续数据配置、业务调试、物联网管理平台的联动，是完成业务测试与终端管理的必要条件。

4. 数据配置

数据配置模块根据任务描述，在 IUV_NB-IoT 软件平台上完成数据调试及业务调试操作，并进行无线网络性能基础测试演示，主要培养学生对现代通信技术应用的综合实践能力、沟通交流能力与服务意识。该平台界面如图 1-6 所示。

(1) 无线接入网需要完成网元属性配置、地面链路传输资源配置、站点公共参数配置、无线小区资源数据配置、邻接小区配置、重选参数配置等项目步骤。学生需理解各参数具体含义及对应的业务表现，在充分考虑参数取值的情况下，力争最优参数配置组合。

(2) 承载网业务开通包括 IP 承载和光传输配置两部分。IP 承载设备需要完成 IP 地址、路由、VLAN 等设计与配置，光传输设备则包括电交叉、频率规划与配置操作三部分。

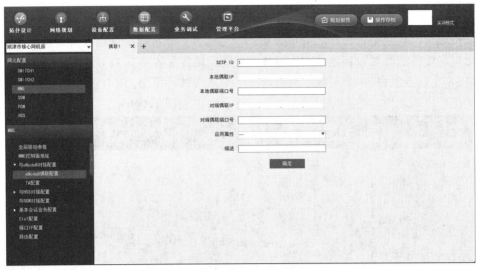

图 1-6

(3) 核心网部分的数据配置和业务开通操作主要包括核心网 IP 地址规划、分布式数字工厂平台窄带物联网特性参数配置、用户开户以及主要网元的本局移动参数配置、对接配置、地址和路由配置、业务配置等配置过程。该主要网元包括移动管理实体(Mobility Management Entity，MME)、服务网关(Serving Gate Way，SGW)、PDN 网关(PDN Gate Way，PGW)和归属签约用户服务器(Home Subscriber Server，HHS)。

5．业务调试

业务调试模块基于当前 NB-IoT 网络外场测试与性能调试规范设计，包含 IP 链路检测、Trace、告警、业务验证、信令跟踪、路由表、光路检测等多种调试工具。此外，该平台提供了两种调试模式验证全网"设备配置""数据配置"的正确性，以实现全网业务联调，主要培养学生对全网业务验证流程、故障处理的基本思路、排错能力、团队协作能力、抗压能力以及文档制作能力。该平台界面如图 1-7 所示。

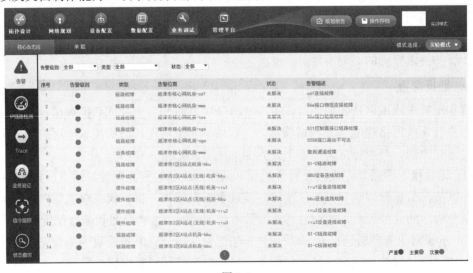

图 1-7

(1) IP 链路检测及 Trace：通过两种调试工具选择网络中的两个节点，并检测源与目的 IP 地址的可达性或包转发路径，从而对节点之间的联通性进行判断。IP 链路检测中，学生可根据需要在允许范围内自行设置报文大小与报文个数，进而理解 IP 检测的不同输入带来的不同反馈效果。

(2) 告警：对网络业务流程的不同节点进行分解，参考真实网络告警结果，对无线网、核心网、承载网设备配置和数据配置结果进行监控，以业务成功实现为目标导向，旨在呈现一个辅助业务正常运行的网络调试工具。

(3) 业务验证：以无线网络测试为主，涵盖 Attach 测试、Ping 测试、上传测试、下载测试与小区遍历测试等 5 种测试项目，所有测试项目均为外场实际网络测试必测项目，且仿真测试结果均与真实测试结果保持高度拟合，学生可自由选择终端位置进行多项测试。通过多种项目测试完成网络性能评估，可以协助学生了解网络性能关键指标及相关参数对测试结果的影响，也可辅助学生了解网络优化测试真实岗位的工作内容。

(4) 信令跟踪：基于 3GPP R13 协议内容设计，实现用户设备(User Equipment，UE)到演进型 Node B(Evolved NodeB，eNodeB)，再到 MME 的信令完整跟踪。信令内容与 UE 位置变化、数据参数变化等即时联动，且支持多重筛选。通过信令跟踪，学生可从原理上掌握网络运行原理，同时精准定位网络故障，极大提升了对无线通信的理论认知。

此外，其他调试工具从不同维度实现了网络实时监控，通过调试结果辅助学生快速定位网络故障，保障网络业务正常运行。

6. 管理平台

小区业务验证通过后，即可在管理平台进行物联网智能终端管理。学生可根据需求选择终端的服务小区，并对终端状态、终端行为等进行实时管理。此模块包含智能门锁、智能水电表等多种类型终端，模块设计以协议规定业务模型为设计基础，均通过高还原度仿真实现业务模拟。该平台界面如图 1-8 所示。

图 1-8

1.3 课 程 规 划

本书的课程内容设计依托网络工程建设实训指导,结合 IUV_NB-IoT 软件中的拓扑设计、网络规划、设备配置、数据配置、业务调试和管理六大功能模块,安排了无线网、核心网、IP 承载网、光传输网等多个维度的课程内容,帮助学生全面了解并熟练掌握 NB-IoT理论及网络知识的应用。

拓扑设计与网络规划部分作为网络设计的重要环节,主要考查学生对网络架构与规划理论基础的理解,为掌握真实岗位中网络规划工程师的工作职责做铺垫。

搭建与开通部分为网络组建的关键步骤,涵盖硬件配置、数据配置、站点开通调试等部分,区别于 LTE 网络,NB-IoT 网络在保留基础测试项目的前提下,新增终端场景应用管理平台,方便学生直观了解窄带物联网应用。

本书基于现网窄带蜂窝物联网建设流程,结合 IUV_NB-IoT 软件讲解全网建设的具体实施过程。以顺津市三个行政区域的窄带蜂窝物联网建设为目标,以项目的形式,结合软件模块,将一个完整的全网建设工程项目划分为以设计实施岗位为主的项目建设阶段、以监理实施为主的综合验收阶段和以网优运营为主的优化运营阶段,各阶段具体工作流程如图 1-9 所示。在后续篇章中,实战指导按照由简到难的原则划分两章,分别为实战基础和实战进阶。

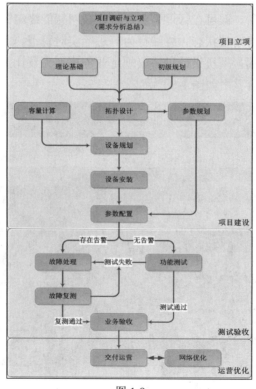

图 1-9

1. 实战基础

实战基础以顺津市 1 区部分站点为示例，通过完成该市网络的初步建设规划，并在软件实验模式下，完成终端 Attach、Ping 等基础功能验证。实验模式特性为不考虑承载网所有参数配置，默认承载网处于调试正常状态。

2. 实战进阶

实战进阶安排两部分内容，分别是链路排障和网络优化。

(1) 链路排障是在工程模式下，通过联调承载网完成全网网络调试，完成终端所有业务验证(工程模式下需考虑实际承载网配置)。同时通过典型故障处理实例，指导学生掌握故障处理的思路与方法。

(2) 网络优化是在工程模式中完成全网调通的情况下，协助学生完成指定区域网络参数优化工作，包含信号与干扰加噪声比(Signal to Interference plus Noise Ratio，SINR)和参考信号接收功率(Reference Signal Receiving Power，RSRP)指标，终端数据传输时延与速率优化，以及指定路径终端遍历成功率优化，实现顺津市物联网的健康发展。最后再通过物联网应用管理，帮助学生了解常见物联网的应用实例。

第2章　实战基础

本章结合 IUV_NB-IoT 软件，以顺津市 1 区 C 站点为例，讲解 NB-IoT 网络工程建设中拓扑设计、网络规划、设备配置、数据配置、基础业务验证的操作步骤与方法，完成相关模块的操作教学，在实验模式下保证顺津市 1 区 C 站点覆盖区域内终端基础业务验证成功。

本章内容结构如下：

(1) 拓扑设计：在拓扑设计模块中，通过对网元设备的拖放以及网元间线缆的连接，完成顺津市全网网络拓扑规划设计。

(2) 网络规划：在网络规划模块中，根据已知参量，结合软件提供的计算公式，完成顺津市网络规划，包括无线覆盖规划、无线容量规划、无线综合规划、承载网链路(接入层、汇聚层、核心层)设备型号与数量规划和核心网设备(MME、SGW、PGW)规划。

(3) 设备配置：在设备配置模块中，根据拓扑设计与网络规划结果，完成顺津市核心网与无线网设备型号选择、设备上架安装以及设备内/设备间/设备与 ODF 架间的线缆连接。

(4) 数据配置：在数据配置模块中，根据建设规划，完成顺津市核心网设备与无线网设备的参数配置，以实现各网元模块间正常工作。需要注意的是，在实验模式下无告警存在。

(5) 基础业务验证：在业务验证模块中，根据规划完成终端参数配置，并成功完成顺津市 1 区 C 站点实验模式下的 Attach 测试与 Ping 测试。

本章知识架构如图 2-1 所示。

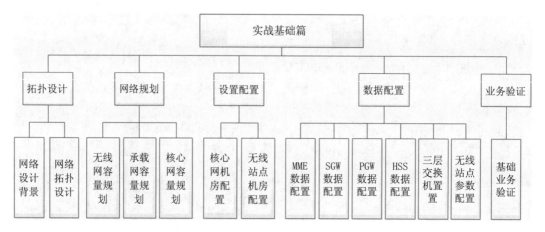

图 2-1

2.1 网 络 规 划

本节分 3 个实验介绍网络规划，分别是无线网容量规划实验、承载网容量规划实验和核心网容量规划实验。其中，无线网容量规划实验介绍了无线覆盖规划中链路预算、蜂窝小区模型的原理与计算方法，以及无线容量规划中的三种信道容量计算方法；承载网容量规划实验介绍了承载网接入层、汇聚层、核心层带宽计算方法，以及计算不同层级承载机房之间的带宽联系和承载网容量时各参数含义与取值规范；核心网容量规划实验介绍了核心网网元(MME、SGW、PGW)的容量规划计算方法和核心网网元架构及接口作用。

2.1.1 网络设计背景

在顺津市窄带蜂窝物联网建设初期，顺津市某运营商结合本市各行政区域的区域特点以及物联网需求规模，初步拟定了《顺津市窄带蜂窝物联网建设规划书》。该规划书指出，顺津市 3 个区域均存在较大的 NB-IoT 业务需求，且终端具备类型多、分布场景广和信号损耗大的特点。为保证各行政区域内终端均能被覆盖并正常进行业务操作，计划在该市中心区域部署一套核心网设备，每个行政区域分别部署一套无线覆盖设备，按照实际需要部署中心区域至各无线站点机房的传输设备。结合顺津市实际区域划分，该市窄带蜂窝物联网网络实际机房建设汇总如表 2-1 所示。

表 2-1 顺津市窄带蜂窝物联网网络实际机房建设汇总表

网络划分	层级划分	机房名称
核心网		顺津市核心网机房
无线接入网	行政一区	顺津市 1 区 C 站点机房
	行政二区	顺津市 2 区 A 站点机房
	行政三区	顺津市 3 区 B 站点机房
承载网	核心层	顺津市承载中心机房
	汇聚层	顺津市汇聚 1 区汇聚机房
		顺津市汇聚 2 区汇聚机房
		顺津市汇聚 3 区汇聚机房
	接入层	顺津市 1 区 A 站点机房
		顺津市 1 区 B 站点机房
		顺津市 1 区 C 站点机房
		顺津市 2 区 A 站点机房
		顺津市 3 区 A 站点机房
		顺津市 3 区 B 站点机房

　　按照上述机房规划，结合窄带蜂窝物联网网元组成与架构：核心网由 MME、SGW、PGW、HSS 等网元组成，承载网由 RT、SW、PTN、OTN 等组成，无线接入网为 eNB(包括 BBU 与 RRU)。顺津市全网网络拓扑规划如图 2-2 所示。各主要网元间接口与 IP 地址规划如表 2-2 所示。

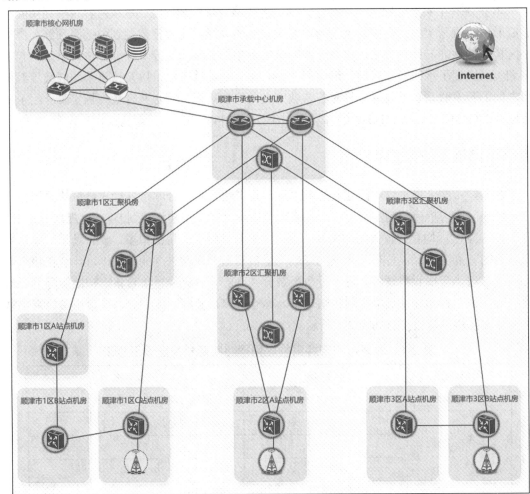

图 2-2

表 2-2　接口 IP 地址规划表

设　备	接　口	IP 地址	子网掩码	备　注
MME	物理接口	10.1.1.1	255.255.255.0	物理接口 IP 地址
	S11 GTP–C	1.1.1.10	255.255.255.255	MME 与 SGW 间控制面地址
	S11 GTP–U	1.1.1.11	255.255.255.255	MME 与 SGW 间用户面地址
	S6a	1.1.1.6	255.255.255.255	MME 与 HSS 间接口地址
	S1-MME	1.1.1.1	255.255.255.255	MME 与 eNodeB 间接口地址
HSS	物理接口	10.1.1.2	255.255.255.0	物理接口 IP 地址
	S6a	2.2.2.6	255.255.255.255	HSS 与 MME 间接口地址

续表

设　备	接口	IP 地址	子网掩码	备　注
SGW	物理地址	10.1.1.3	255.255.255.0	物理接口 IP 地址
	S5/S8 GTP-C	3.3.3.5	255.255.255.255	SGW 与 PGW 间接口地址
	S5/S8 GTP-U	3.3.3.8	255.255.255.255	SGW 与 PGW 间接口地址
	S11 GTP-C	3.3.3.10	255.255.255.255	SGW 与 MME 间控制面地址
	S11 GTP-U	3.3.3.11	255.255.255.255	SGW 与 MME 间用户面地址
	S1-U	3.3.3.1	255.255.255.255	SGW 与 eNodeB 间接口地址
PGW	物理接口	10.1.1.4	255.255.255.0	物理接口 IP 地址
	S5/S8 GTP-C	4.4.4.5	255.255.255.255	PGW 与 SGW 间接口地址
	S5/S8 GTP-U	4.4.4.8	255.255.255.255	PGW 与 SGW 间接口地址
核心层 SW	VLAN 地址	10.1.1.10	255.255.255.0	核心网设备物理接口网关地址
1 区 eNodeB	物理地址	10.10.10.10	255.255.255.0	BBU 物理接口地址
1 区接入层 PTN	VLAN 地址	10.10.10.1	255.255.255.0	1 区 BBU 设备物理接口网关地址
2 区 eNodeB	物理地址	20.20.20.20	255.255.255.0	BBU 物理接口地址
2 区接入层 PTN	VLAN 地址	20.20.20.1	255.255.255.0	2 区 BBU 设备物理接口网关地址
3 区 eNodeB	物理地址	30.30.30.30	255.255.255.0	BBU 物理接口地址
3 区接入层 PTN	VLAN 地址	30.30.30.1	255.255.255.0	3 区 BBU 设备物理接口网关地址

在《顺津市窄带蜂窝物联网建设规划书》中还给出了三个行政区域调研得出的网络模型以及各区域覆盖相关实测参数，其中顺津市 1 区物联网需求总数约为 3000 万，规划覆盖区域约为 390 平方千米。其为本市的核心城区，建筑多为高层商业办公楼宇，承载网汇聚层、接入层采用环型拓扑。1 区网络规划模型的参数名称和默认取值如表 2-3、表 2-4、表 2-5、表 2-6 所示。

表 2-3　1 区覆盖规划话务模型

参数名称	NPUSCH	NPRACH	NPBCH	NPDCCH	NPDSCH
发射功率(dBm)	23	23	43	43	43
馈线损耗(dB)	0.5	0.5	0.5	0.5	0.5
天线增益(dBi)	10	10	10	10	10
噪声功率(dBm)	−129.2	−135.3	−116.4	−116.4	−116.4
SINR 或 C/I	−7.8	−5.8	−8.8	−4.6	−4.8
快衰落余量(dB)	0	0.1	0	0.2	0
阴影衰落余量(dB)	11.2	11.6	10.6	11.9	11.6
干扰余量(dB)	2	2.2	5.1	5.3	5
穿透损耗(dB)	11	11	11	11	11
OTA(dB)	6	6	5	6	7
人体损耗(dB)	0.1	0.1	0.1	0.1	0.1
区域面积(km^2)	390	390	390	390	390
半径比例因子	0.31	0.3	0.3	0.28	0.29

表2-4　1区容量规划话务模型

参数名称	默认取值
NPRACH 周期(ms)	40
NPRACH 子载波数量	12
碰撞概率	10%
单用户每小时接入次数	0.467
PRACH 占用比例	8.30%
调度效率	70%
近点用户比例	80%
中点用户比例	20%
远点用户比例	0%
公共开销	30%

表2-5　1区综合规划话务模型

参数名称	默认取值
本区终端数目(万)	3000
网络负荷	5%
单站小区数目	3

表2-6　1区承载网接入层与汇聚层话务模型

参数名称	默认取值
单站平均吞吐量(mb/s)	2000
链路工作带宽占比	0.5
基站带宽预留比	0.5
承载网接入环接入设备数	8
承载网汇聚层、接入层带宽收敛比	0.8
承载网单汇聚设备带基站数	40
承载网汇聚环上汇聚设备数	4

　　顺津市 2 区移动上网用户总数约为 1500 万，规划覆盖区域约为 700 平方千米。其为一般城区，建筑多为中层住宅小区，承载网汇聚层、接入层采用环型拓扑。2 区网络规划模型的参数名称和默认取值如表2-7、表2-8、表2-9、表2-10 所示。

表2-7　2区覆盖规划话务模型

参数名称	NPUSCH	NPRACH	NPBCH	NPDCCH	NPDSCH
发射功率(dBm)	23	23	43	43	43
馈线损耗(dB)	0.5	0.5	0.5	0.5	0.5
天线增益(dBi)	11.3	11.3	11.3	11.3	11.3
噪声功率(dBm)	−125.2	−128.9	−119.6	−120.6	−115.5
SINR 或 C/I	−9.7	−4.2	−4.2	−7.7	−5.9
快衰落余量(dB)	1.4	3.8	1.5	2.8	2.3
阴影衰落余量(dB)	10.2	11.1	10.2	11.2	10.2
干扰余量(dB)	0	3.6	0.3	0.6	3
穿透损耗(dB)	13.8	13.8	13.8	13.8	13.8
OTA(db)	5.6	7.0	6.4	7	6.2
人体损耗(dB)	0.3	0.3	0.3	0.3	0.3
区域面积(km²)	700	700	700	700	700
半径比例因子	0.4	0.38	0.42	0.39	0.4

表2-8　2区容量规划话务模型

参数名称	默认取值
NPRACH 周期(ms)	320
NPRACH 子载波数量	24
碰撞概率	9%
单用户每小时接入次数	0.387
PRACH 占用比例	6%
调度效率	60%
近点用户比例	50%
中点用户比例	30%
远点用户比例	20%
公共开销	30%

表2-9　2区综合规划话务模型

参数名称	默认取值
本区终端数目(万)	1500
网络负荷	5%
单站小区数目	3

表 2-10　2 区承载网接入层与汇聚层话务模型

参数名称	默认取值
单站平均吞吐量(mb/s)	1800
链路工作带宽占比	0.7
基站带宽预留比	0.6
承载网接入环接入设备数	7
承载网汇聚层、接入层带宽收敛比	0.8
承载网单汇聚设备带基站数	40
承载网汇聚环上汇聚设备数	4

　　顺津市 3 区移动上网用户总数约为 2300 万,规划覆盖区域约为 430 平方公里。其为高新技术开发区,建筑多为高层办公楼,承载网汇聚层、接入层采用环型拓扑。3 区网络规划模型的参数名称和默认取值如表 2-11、表 2-12、表 2-13、表 2-14 所示。

表 2-11　3 区覆盖规划话务模型

参数名称	NPUSCH	NPRACH	NPBCH	NPDCCH	NPDSCH
发射功率(dBm)	23	23	43	43	43
馈线损耗(dB)	0.7	0.7	0.7	0.7	0.7
天线增益(dBi)	10.2	10.2	10.2	10.2	10.2
噪声功率(dBm)	−122.9	−120.8	−115.7	120.1	−121.6
SINR 或 C/I	−6.8	−9.1	−5.3	−6.9	−6.4
快衰落余量(dB)	0.8	0.6	2.3	1.7	2.9
阴影衰落余量(dB)	11	10.5	11.5	11.4	11.4
干扰余量(dB)	3.5	2.4	3.1	2.2	1.2
穿透损耗(dB)	11.3	11.3	11.3	11.3	11.3
OTA(db)	6.4	5.8	5.5	5.8	6.1
人体损耗(dB)	0.2	0.2	0.2	0.2	0.2
区域面积(km^2)	430	430	430	430	430
半径比例因子	0.33	0.31	0.35	0.32	0.32

表 2-12　3 区容量规划话务模型

参　数　名　称	默认取值
NPRACH 周期(ms)	240
NPRACH 子载波数量	12
碰撞概率	10%
单用户每小时接入次数	0.325
PRACH 占用比例	6%
调度效率	68%
近点用户比例	30%
中点用户比例	40%
远点用户比例	30%
公共开销	40%

表2-13　3区综合规划话务模型

参 数 名 称	默认取值
本区终端数目(万)	2300
网络负荷	5%
单站小区数目	3

表2-14　3区承载网接入层与汇聚层话务模型

参 数 名 称	默认取值
单站平均吞吐量(mb/s)	1800
链路工作带宽占比	0.9
基站带宽预留比	0.5
承载网接入环接入设备数	6
承载网汇聚层、接入层带宽收敛比	0.8
承载网单汇聚设备带基站数	50
承载网汇聚环上汇聚设备数	6

承载网核心层与核心网话务模型的参数名称和默认取值如表 2-15 所示。

表2-15　承载核心层与核心网话务模型

参 数 名 称	默认取值
承载网核心、汇聚层带宽收敛比	0.75
在线用户比	0.8
S1-MME 接口每用户平均信令流量(kb/s)	9
S11-C 接口每用户平均信令流量(kb/s)	1
S11-U 接口每用户平均业务流量(kb/s)	11
S5 接口每用户平均信令流量(kb/s)	9
S6a 接口每用户平均信令流量(kb/s)	4
SGi 接口每用户平均信令流量(kb/s)	5

2.1.2　网络拓扑设计实验

1. 实验目的

(1) 掌握 NB-IoT 核心网的各个主要网元；

(2) 掌握 NB-IoT 核心网的网络拓扑搭建。

2. 实验任务

(1) 完成顺津市核心网机房单平面网络拓扑连线；

(2) 完成顺津市核心网机房双平面网络拓扑连线(链路冗余配置)；

(3) 完成顺津市核心网机房设备删除与线缆删除。

3. 实验规划

按照图 2-3 所示完成核心网机房的网络拓扑规划。

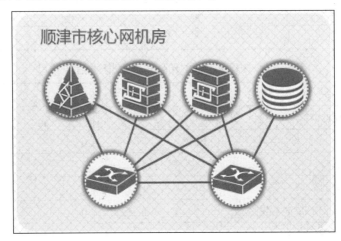

图 2-3

4. 建议时长

本实验建议时长为 2 个课时。

5. 实训步骤

任务一：完成顺津市核心网机房单平面网络拓扑连线。

步骤 1：打开 IUV_NB-IoT 软件，单击最上方 按钮。进入软件拓扑设计模块，主界面为拓扑网络绘制区，右侧为设备资源选择池，如图 2-4 所示。

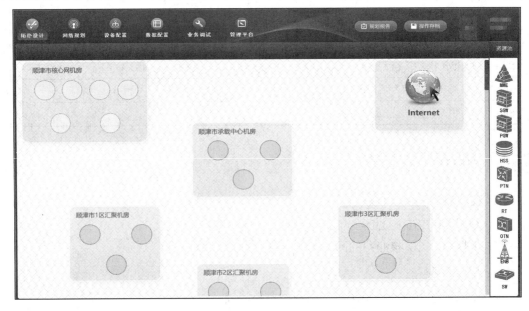

图 2-4

步骤 2：在资源池中单击 MME 设备，并按住左键将其拖动至主界面顺津市核心网机房，并放置在该机房第一排圆圈内，如图 2-5 所示。

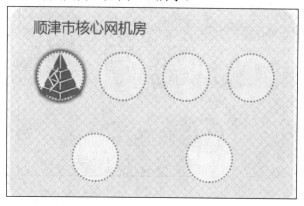

图 2-5

步骤 3：按照步骤 2 的操作方式，将 SGW、PGW、HSS 网元模块依次拖放至顺津市核心网机房第一排圆圈内(4 种网元顺序可互相交换)，如图 2-6 所示。

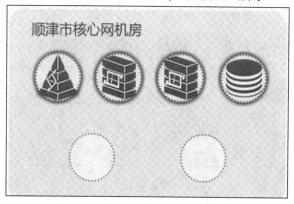

图 2-6

步骤 4：按照步骤 2 的操作方式，从资源池中选择 SW(交换机)网元，并放置于顺津市核心网机房第二排圆圈内，如图 2-7 所示。

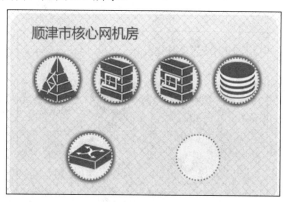

图 2-7

步骤 5：单击顺津市核心网机房内 MME 网元，然后再单击下方的 SW 网元，完成二者间线缆连接，如图 2-8 所示。

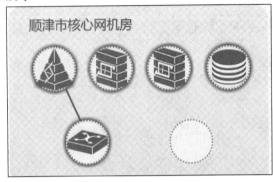

图 2-8

步骤 6：按照步骤 5 的操作方式，将 SGW、PGW、HSS 分别与 SW 网元间进行连线，完成单平面网络拓扑连线，如图 2-9 所示。

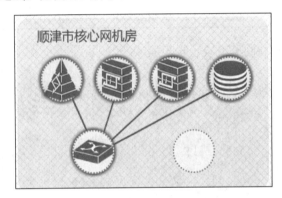

图 2-9

任务二：完成顺津市核心网机房双平面网络拓扑连线。

步骤 1：按照任务一步骤所示，完成单平面网络拓扑连线。

步骤 2：在右侧资源池中选择 SW 网元，并拖放至顺津市核心网机房第二排空余圆圈内，如图 2-10 所示。

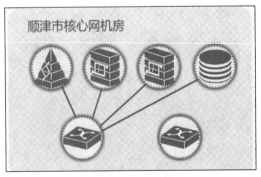

图 2-10

步骤 3：单击顺津市核心网机房内 MME 网元，再单击顺津市核心网机房内新 SW 网元，完成 MME 与新 SW 网元间的线缆连接，如图 2-11 所示。

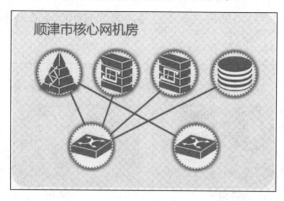

图 2-11

步骤 4：按照步骤 3 的操作方式，完成 SGW、PGW、HSS 网元与新 SW 网元间的连线，如图 2-12 所示。

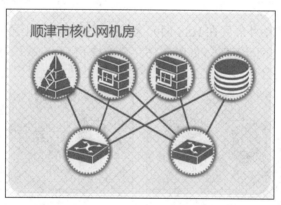

图 2-12

步骤 5：单击顺津市核心网机房内左侧 SW 网元，再单击该机房内右侧 SW 网元，完成 SW 网元之间的连线，最终完成双平面网络拓扑设计连线，如图 2-13 所示。

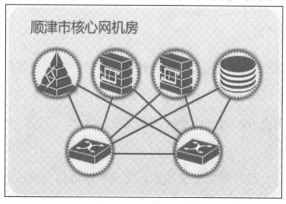

图 2-13

任务三：完成顺津市核心网机房设备删除与线缆删除。

步骤 1：在任务二的基础上，将鼠标移动并放置在 HSS 网元与右侧 SW 网元间连线上，待线缆出现"×"符号，单击"×"符号，完成对应线缆的删除，如图 2-14、图 2-15 所示。

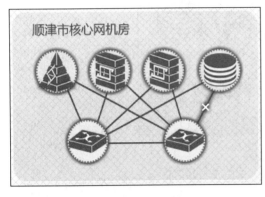

图 2-14

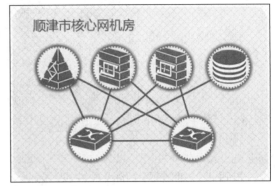

图 2-15

步骤 2：将鼠标移动并放置在 HSS 网元上，待 HSS 网元右上角出现"×"符号，单击"×"符号，完成对应网元删除，如图 2-16、图 2-17 所示。

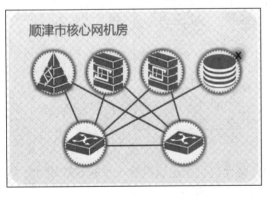

图 2-16

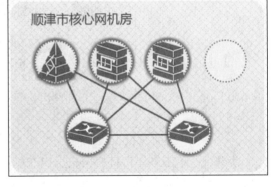

图 2-17

6．项目总结

网络的拓扑结构跟网络连线有关，会随着站点数量和物理位置的变化而变化。

7．思考题

配置双平面时，两个 SW 网元间连线的意义是什么？

8．练习题

根据以上操作技巧，结合相应理论知识，完成顺津市核心网机房与顺津市 1 区 C 站点间的网络拓扑规划。

2.1.3 无线网容量规划实验

1. 实验目的

(1) 掌握无线覆盖规划链路预算、蜂窝小区模型原理与计算方法；

(2) 掌握无线容量规划中 NPRACH、NPUSCH、NPDSCH 信道容量计算方法；

(3) 掌握无线网络规划中覆盖规划与容量规划的联系及差异。

2. 实验任务

(1) 完成顺津市 1 区 C 站点无线覆盖规划；

(2) 完成顺津市 1 区 C 站点无线容量规划；

(3) 完成顺津市 1 区 C 站点无线综合规划。

3. 实验规划

无线网络规划包含覆盖规划、容量规划与综合规划三大模块，其中覆盖规划部分主要通过链路预算与蜂窝小区组网模型得到小区覆盖面积。由于 NPRACH、NPUSCH、NPDSCH、NPBCH 和 NPDCCH 5 个信道计算步骤完全相同，仅参数取值存在差异，本书以 NPRACH 信道覆盖规划为例进行介绍，在综合规划时直接给出其他信道的覆盖规划计算值。此外，1 区、2 区和 3 区所有规划步骤完全相同，本书以 1 区为例进行介绍。无线覆盖规划和无线容量规划的各参数名称以及在不同信道的取值如表 2-16、表 2-17 所示。

表 2-16 无线覆盖规划参数表

参数名称	NPUSCH	NPRACH	NPBCH	NPDCCH	NPDSCH
发射功率 / dBm	23	23	43	43	43
馈线损耗 / dB	0.5	0.5	0.5	0.5	0.5
天线增益 / dBi	10	10	10	10	10
噪声功率 / dBm	−129.2	−135.3	−116.4	−116.4	−116.4
SINR 或 C/I / dB	−7.8	−5.8	−8.8	−4.6	−4.8
快衰落余量 / dB	0	0.1	0	0.2	0
阴影衰落余量 / dB	11.2	11.6	10.6	11.9	11.6
干扰余量 / dB	2	2.2	5.1	5.3	5
穿透损耗 / dB	11	11	11	11	11
OTA / dB	6	6	5	6	7
人体损耗 / dB	0.1	0.1	0.1	0.1	0.1
区域面积 / km²	390	390	390	390	390
半径比例因子	0.31	0.3	0.3	0.28	0.29

表 2-17　无线容量规划参数表

参数名称	默认取值
NPRACH 周期 / ms	40
NPRACH 子载波数量	12
碰撞概率	10%
单用户每小时接入次数	0.467
PRACH 占用比例	8.30%
调度效率	70%
近点用户比例	80%
中点用户比例	20%
远点用户比例	0%
公共开销	30%
1 区终端数目(万)	3000
网络负荷	5%
单站小区数目	3
1 区 NPUSCH 信道小区数目	1500
1 区 NPBCH 信道小区数目	710
1 区 NPDSCH 信道小区数目	1696
1 区 NPDCCH 信道小区数目	1858

4．建议时长

本实验建议时长为 4 个课时。

5．实训步骤

任务一：顺津市 1 区 C 站点无线覆盖规划(以 NPRACH 信道为例)。

步骤 1：打开 IUV_NB-IoT 软件，单击上方 按钮，如图 2-18 所示。

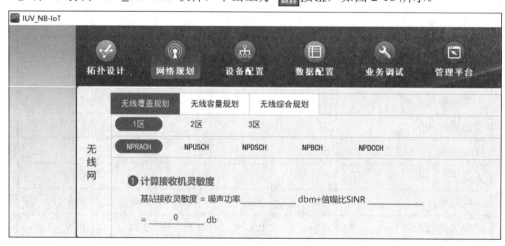

图 2-18

步骤 2：单击左侧"无线网"部分，单击上方 无线覆盖规划 按钮，再单击 1区 按钮，进入 1 区无线覆盖规划。此处以 1 区 NPRACH 信道覆盖规划为例进行计算。

步骤 3：计算接收机灵敏度。根据表 2-16 给定的数据，补全"噪声功率"和"信噪比SINR"。计算结果如图 2-19 所示。

❶ 计算接收机灵敏度

基站接收灵敏度 = 噪声功率 -135.3 dbm+信噪比SINR -5.8

= -141.1 db

图 2-19

步骤 4：计算总体损耗。根据表 2-16 给定的数据，补全"阴影衰落余量""快衰落余量""OTA""干扰余量""馈线损耗""穿透损耗"和"人体损耗"。计算结果如图 2-20 所示。

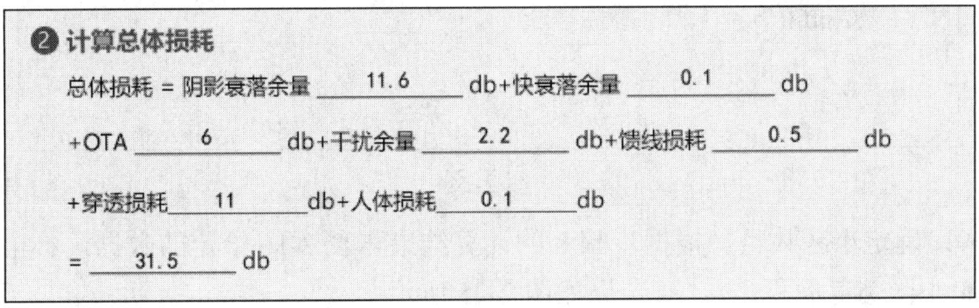

❷ 计算总体损耗

总体损耗 = 阴影衰落余量 11.6 db+快衰落余量 0.1 db

+OTA 6 db+干扰余量 2.2 db+馈线损耗 0.5 db

+穿透损耗 11 db+人体损耗 0.1 db

= 31.5 db

图 2-20

步骤 5：计算最大允许路损(MAPL)。根据步骤 3、步骤 4 的计算结果与表 2-16 给定的数据，补全"发射功率""总体损耗""天线增益"和"接收机灵敏度"。计算结果如图 2-21 所示。

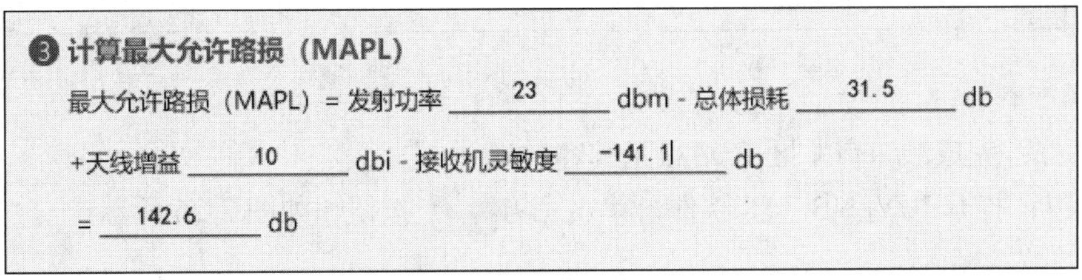

❸ 计算最大允许路损 (MAPL)

最大允许路损 (MAPL) = 发射功率 23 dbm - 总体损耗 31.5 db

+天线增益 10 dbi - 接收机灵敏度 -141.1 db

= 142.6 db

图 2-21

步骤 6：计算站间距 D。根据步骤 5 的计算结果，补全"最大允许路损"。计算结果如图 2-22 所示。

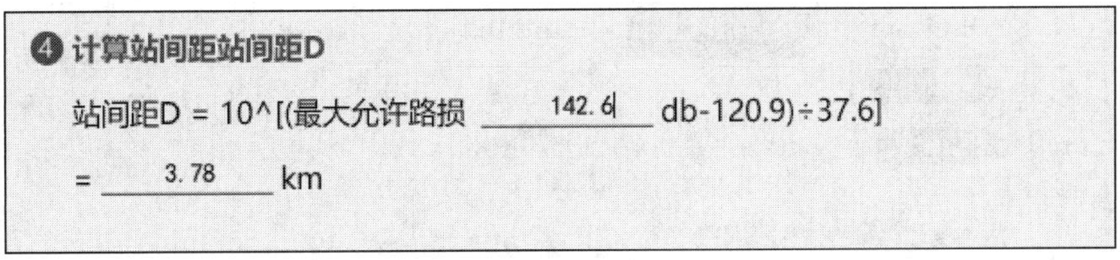

❹ 计算站间距站间距D

站间距D = 10^[(最大允许路损 142.6 db-120.9)÷37.6]

= 3.78 km

图 2-22

步骤 7：计算覆盖半径 R。根据步骤 6 中的计算结果与表 2-16 给定的数据，补全"站间距"和"半径比例因子"。计算结果如图 2-23 所示。

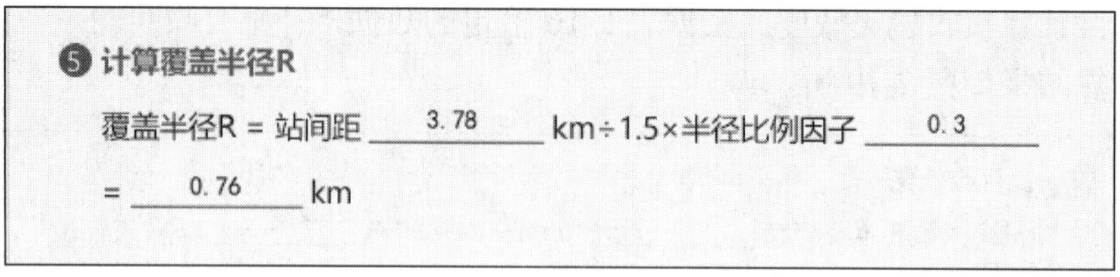

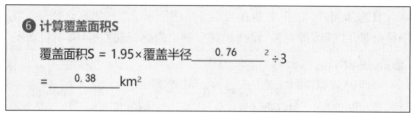

图 2-23

步骤 8：计算覆盖面积 S。根据步骤 7 的计算结果，补全"覆盖半径"。计算结果如图 2-24 所示。

图 2-24

步骤 9：确定小区数目。根据步骤 8 的计算结果与表 2-16 给定的数据，补全"区域面积"和"单小区覆盖面积"。计算结果如图 2-25 所示。

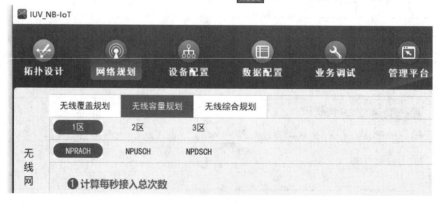

图 2-25

任务二：完成顺津市 1 区 C 站点无线容量规划。

步骤 1：打开 IUV_NB-IoT 软件，单击上方　　按钮，如图 2-26 所示。

图 2-26

步骤 2：单击上方"网络规划"按钮，再单击"无线覆盖规划"按钮，进入 1 区无线容量规划，单击"NPRACH"按钮，进入 NPRACH 信道容量计算。

步骤 3：计算 NPRACH 信道容量规划中的每秒接入总次数。根据表 2-17 给定的数据，补全"NPRACH 子载波数量"和"NPRACH 周期"。计算结果如图 2-27 所示。

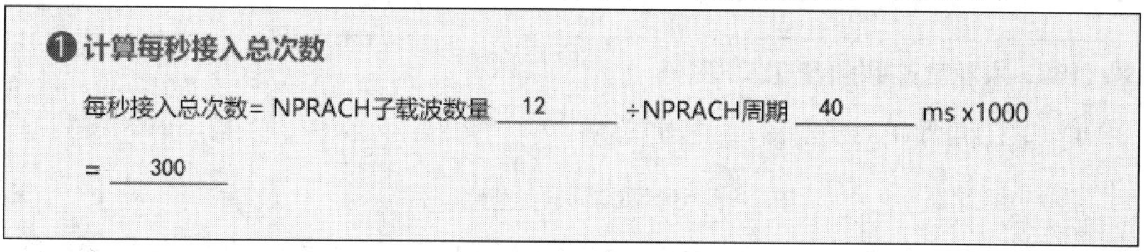

❶ 计算每秒接入总次数

每秒接入总次数 = NPRACH子载波数量 ___12___ ÷NPRACH周期 ___40___ ms ×1000

= ___300___

图 2-27

步骤 4：计算 NPRACH 信道容量规划中的每秒接入成功次数。根据表 2-17 给定的数据及步骤 3 的计算结果，补全"碰撞概率"和"每秒接入总次数"。计算结果如图 2-28 所示。

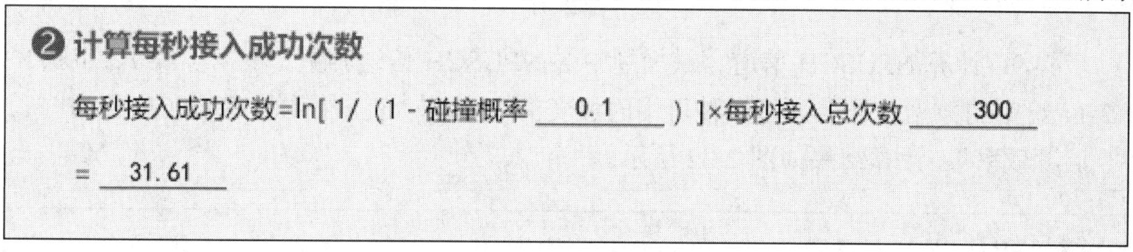

❷ 计算每秒接入成功次数

每秒接入成功次数 = ln[1/ (1 - 碰撞概率 ___0.1___)]×每秒接入总次数 ___300___

= ___31.61___

图 2-28

步骤 5：计算 NPRACH 信道容量规划中的 NPRACH 信道实际容量。根据表 2-17 给定的数据及步骤 4 的计算结果，补全"每秒接入成功次数"和"单用户每小时接入次数"。计算结果如图 2-29 所示。

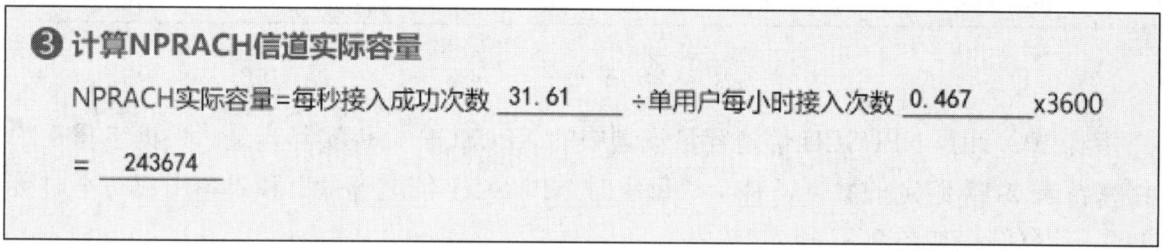

❸ 计算NPRACH信道实际容量

NPRACH实际容量 = 每秒接入成功次数 ___31.61___ ÷单用户每小时接入次数 ___0.467___ ×3600

= ___243674___

图 2-29

步骤 6：单击  NPUSCH 按钮，进入 NPUSCH 信道容量规划。

步骤 7：计算 NPUSCH 信道容量规划中的 NPUSCH 信道容量。根据表 2-17 给定的数据，补全"PRACH 占用比例"。计算结果如图 2-30 所示。

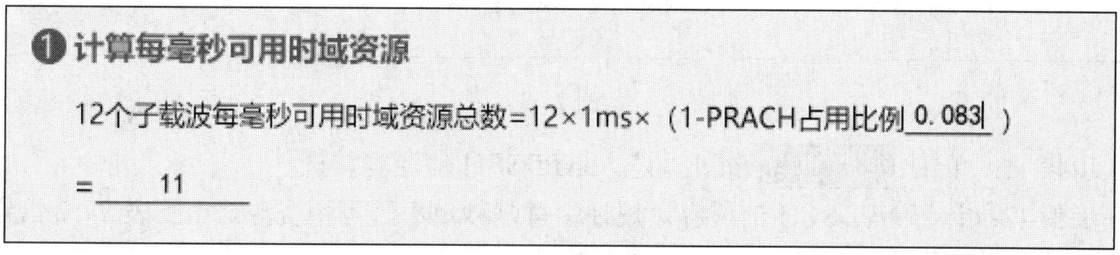

❶ 计算每毫秒可用时域资源

12个子载波每毫秒可用时域资源总数 = 12×1ms× (1-PRACH占用比例 ___0.083___)

= ___11___

图 2-30

步骤 8：计算 NPUSCH 信道容量规划中单次发包占用的 NPUSCH 时长。根据表 2-17 给定的数据，补全 "近点用户比例""近点 NPUSCH 信道开销""中点用户比例""中点 NPUSCH 信道开销""远点用户比例" 和 "远点 NPUSCH 信道开销"。计算结果如图 2-31 所示。

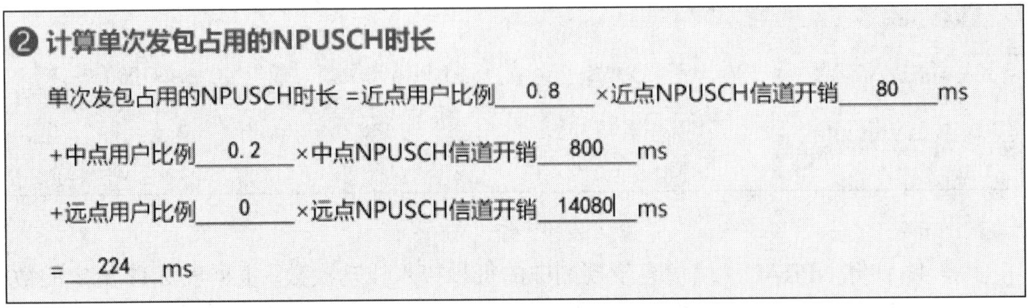

❷ 计算单次发包占用的NPUSCH时长

单次发包占用的NPUSCH时长 =近点用户比例___0.8___×近点NPUSCH信道开销___80___ ms

+中点用户比例___0.2___×中点NPUSCH信道开销___800___ ms

+远点用户比例___0___×远点NPUSCH信道开销__14080__ ms

=___224___ ms

图 2-31

步骤 9：计算 NPUSCH 信道容量规划中的 NPUSCH 信道容量。根据步骤 7、步骤 8 及表 2-17 给定的数据，补全 "每毫秒可用时域资源""单次发包占用的 NPUSCH 信道时长" 和 "调度效率"。计算结果如图 2-32 所示。

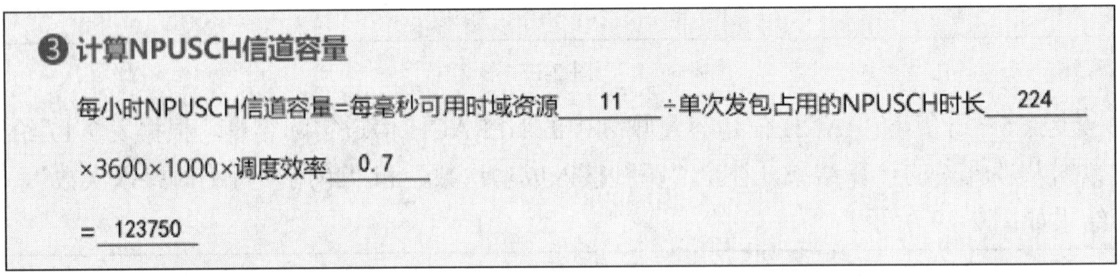

❸ 计算NPUSCH信道容量

每小时NPUSCH信道容量=每毫秒可用时域资源___11___÷单次发包占用的NPUSCH时长___224___

×3600×1000×调度效率___0.7___

=___123750___

图 2-32

步骤 10：计算 NPUSCH 信道容量规划中的 NPUSCH 信道实际容量。根据步骤 9 的计算结果及表 2-17 给定的数据，补全 "每小时 NPUSCH 信道容量" 和 "单用户每小时接入次数"。计算结果如图 2-33 所示。

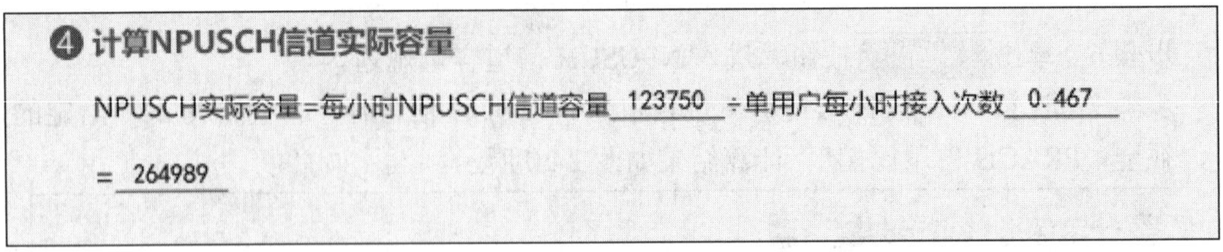

❹ 计算NPUSCH信道实际容量

NPUSCH实际容量=每小时NPUSCH信道容量___123750___÷单用户每小时接入次数___0.467___

=___264989___

图 2-33

步骤 11：单击 NPDSCH 按钮，进入 NPDSCH 信道容量规划。

步骤 12：计算 NPDSCH 信道容量规划中每毫秒单小区可用资源。根据表 2-17 给定的数据，补全 "公共开销"。计算结果如图 2-34 所示。

❶ 计算每毫秒单小区可用资源

每毫秒单小区可用资源

=1ms×（1-公共开销 0.3 ）

= 0.7 ms

图 2-34

步骤 13：计算 NPDSCH 信道容量规划中单用户单次数据传输需要资源。根据表 2-17 给定的数据，补全“近点用户比例”“近点 NPDSCH 开销”“近点 NPDCCH 开销”“中点用户比例”“中点 NPDSCH 开销”“中点 NPDCCH 开销”“远点用户比例”“远点 NPDSCH 开销”和“远点 NPDCCH 开销”。计算结果如图 2-35 所示。

❷ 计算单用户单次数据传输需要资源

单用户单次数据传输需要资源

=近点用户比例 0.8 ×（近点NPDSCH开销 5 ms+近点NPDCCH开销 5 ms）

+中点用户比例 0.2 ×（中点NPDSCH开销 13 ms+中点NPDCCH开销 18 ms）

+远点用户比例 0 ×（远点NPDSCH开销 288 ms + 远点NPDCCH开销 432 ms）

= 14.2 ms

图 2-35

步骤 14：计算 NPDSCH 信道容量规划中的 NPDSCH 信道容量。根据步骤 12、步骤 13 及表 2-17 给定的数据，补全“每毫秒单小区可用资源”“单用户单次数据传输需要资源”和“调度效率”。计算结果如图 2-36 所示。

❸ 计算NPDSCH信道容量

每小时NPDSCH信道容量

=每毫秒单小区可用资源 0.7 ms÷单用户单次数据传输需要资源 14.2 ms

×3600×1000×调度效率 0.7

= 124225.35

图 2-36

步骤 15：计算 NPDSCH 信道实际容量。根据步骤 14 计算结果及表 2-17 给定的数据，补全“每小时 NPDSCH 信道容量”和“单用户每小时接入次数”。计算结果如图 2-37 所示。

❹ 计算NPDSCH信道实际容量

NPDSCH实际容量

=每小时NPDSCH信道容量 124225.35 ÷单用户每小时接入次数 0.467

= 266007

图 2-37

任务三：完成顺津市 1 区 C 站点无线综合规划。

步骤 1：打开 IUV_NB-IoT 软件，单击上方 按钮，如图 2-38 所示。

图 2-38

步骤 2：单击上方 无线综合规划 按钮，再单击 1区 按钮。

步骤 3：由表 2-17 给定的数据，补全"覆盖规划实际小区数目"。计算结果如图 2-39 所示。

图 2-39

步骤 4：计算覆盖规划站点数目。根据步骤 3 的计算结果及表 2-17 给定的数据，补全"覆盖规划实际小区数目"和"单站小区数目"。计算结果如图 2-40 所示。

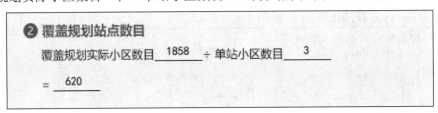

图 2-40

步骤 5：计算 NPRACH 站点数目。根据表 2-17 给定的数据与任务二中的计算结果，补全"本区终端数目""NPRACH 实际容量""网络负荷"和"单站小区数目"。计算结果如图 2-41 所示。

图 2-41

步骤 6：计算 NPUSCH 站点数目。根据表 2-17 给定的数据与任务二中的计算结果，补全"本区终端数目""NPUSCH 实际容量""网络负荷"和"单站小区数目"。计算结果如图 2-42 所示。

❹ 计算NPUSCH站点数目

NPUSCH站点数目

=本区终端数目 __3000__ 万 ÷（NPUSCH实际容量 __26.4989__ 万 ×网络负荷 __0.05__ ）

÷单站小区数目 __3__

= __755__

图 2-42

步骤 7：计算 NPDSCH 站点数目。根据表 2-17 给定的数据与任务二中的计算结果，补全"本区终端数目""NPDSCH 实际容量""网络负荷"和"单站小区数目"。计算结果如图 2-43 所示。

❺ 计算NPDSCH站点数目

NPDSCH站点数目

=本区终端数目 __3000__ 万 ÷（NPDSCH实际容量 __26.6007__ 万 ×网络负荷 __0.05__ ）

÷单站小区数目 __3__

= __752__

图 2-43

步骤 8：计算容量规划站点数目。根据步骤 5、步骤 6 和步骤 7 的计算结果，补全"NPRACH 站点数目""NPRACH 站点数目"和"NPRACH 站点数目"。计算结果如图 2-44 所示。

❻ 计算容量规划站点数目

容量规划站点数目

=MAX（NPRACH站点数目 __821__ , NPUSCH站点数目 __755__ , NPDSCH站点数目 __752__ ）

= __821__

图 2-44

步骤 9：计算无线网络规划站点数目。根据步骤 2 和步骤 8 的计算结果，补全"容量规划站点数目"和"覆盖规划站点数目"。计算结果如图 2-45 所示。

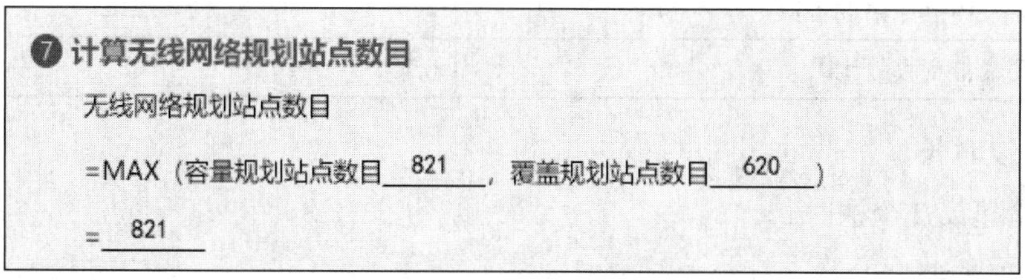

❼ 计算无线网络规划站点数目

无线网络规划站点数目

=MAX（容量规划站点数目 __821__ , 覆盖规划站点数目 __620__ ）

= __821__

图 2-45

6. 项目总结

无线网络规划涉及无线覆盖规划和无线容量规划两种类型，在分别完成两部分规划计算后，需综合选取最大站点数作为无线网络规划结果。

7. 思考题

结合 LTE 网络的容量规划方法，为什么 NB-IoT 容量计算时不考虑速率与吞吐量？

8. 练习题

完成顺津市 2 区无线网络规划。

2.1.4　承载网容量规划实验

1. 实验目的

(1) 掌握承载网接入层、汇聚层、核心层带宽计算方法；

(2) 掌握不同层级承载机房之间的带宽联系；

(3) 掌握承载网容量计算时各参数的含义与取值规范。

2. 实验任务

(1) 完成顺津市 1 区承载网接入层容量规划；

(2) 完成顺津市 1 区承载网汇聚层容量规划；

(3) 完成顺津市 1 区承载网核心层容量规划。

3. 实验规划

承载网容量规划如表 2-18 所示。此处规划以 1 区为例进行计算，在核心层计算时，2 区、3 区汇聚上行链路带宽将直接给出。

表 2-18　承载网容量规划表

参　数　名　称	默认取值
单站平均吞吐量 / (Mb/s)	20 000
链路工作带宽占比	0.5
基站带宽预留比	0.5
承载网接入环接入设备数	8
承载网汇聚层、接入层带宽收敛比	0.8
承载网单汇聚设备带基站数	40
承载网汇聚环上汇聚设备数	4
核心、汇聚带宽收敛比	0.75

4. 建议时长

本实验建议 2 个课时。

5. 实训步骤

任务一：完成顺津市 1 区承载网接入层容量规划。

步骤 1：打开 IUV_NB-IoT 软件，单击上方 [网络规划] 按钮，如图 2-46 所示。

图 2-46

步骤 2：单击左侧"承载网"按钮，默认进入接入层-1 区承载容量计算，单击 [1区 2区 3区] 按钮可切换区。

步骤 3：计算基站预留带宽。根据表 2-18 给定的数据，补全"单站平均吞吐量"和"基站带宽预留比"。计算结果如图 2-47 所示。

图 2-47

步骤 4：计算接入层设备数量。根据无线网络规划中的计算结果，补全"基站数"。计算结果如图 2-48 所示。

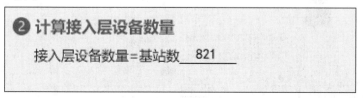

图 2-48

步骤 5：选择接入层拓扑结构。单击对应拓扑图片可自定义拓扑结构的类型，此处以环型为例，如图 2-49 所示。

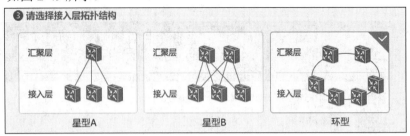

图 2-49

步骤 6：计算接入层设备容量。根据表 2-18 给定的数据与步骤 3 的计算结果，补全"接入环上接入设备数量""基站预留带宽""链路工作带宽占比""接入层设备数量"和"接入环上接入设备数"。计算结果如图 2-50 所示。

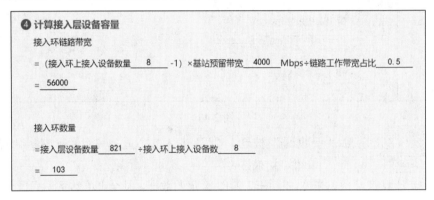

图 2-50

任务二：完成顺津市 1 区承载网汇聚层容量规划。

步骤 1：打开 IUV_NB-IoT 软件，单击上方 ![网络规划] 按钮，如图 2-51 所示。

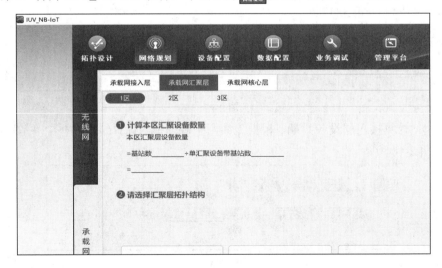

图 2-51

步骤 2：单击左侧"承载网"按钮，默认进入汇聚层-1 区承载容量计算，单击 [1区] [2区] [3区] 可切换区。

步骤 3：计算汇聚环数量。根据表 2-18 给定的数据，补全"基站数"和"单汇聚设备带基站数"。计算结果如图 2-52 所示。

❶ 计算小区汇聚环数量

本小区汇聚层设备数量

=基站数 ___821___ ÷单汇聚设备带基站数 ___40___

= ___21___

图 2-52

步骤 4：选择汇聚层拓扑结构。单击对应拓扑图片可自定义拓扑结构的类型，此处以环型为例，如图 2-53 所示。

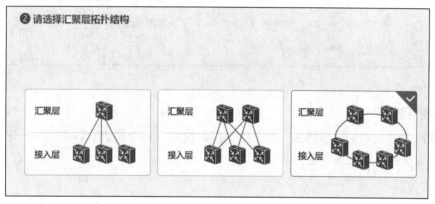

❷ 请选择汇聚层拓扑结构

图 2-53

步骤 5：计算汇聚层设备容量。根据表 2-18 给定的数据及接入层计算结果，补全"单汇聚设备带基站数""汇聚环上汇聚设备数""基站预留带宽""汇聚、接入层带宽收敛比""链路工作带宽比""汇聚层设备数量"和"汇聚环上汇聚设备数"。计算结果如图 2-54 所示。

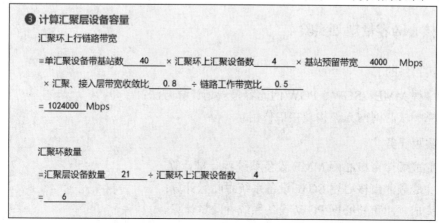

❸ 计算汇聚层设备容量

汇聚环上行链路带宽

=单汇聚设备带基站数 ___40___ × 汇聚环上汇聚设备数 ___4___ × 基站预留带宽 ___4000___ Mbps

× 汇聚、接入层带宽收敛比 ___0.8___ ÷ 链路工作带宽比 ___0.5___

= ___1024000___ Mbps

汇聚环数量

=汇聚层设备数量 ___21___ ÷ 汇聚环上汇聚设备数 ___4___

= ___6___

图 2-54

任务三：完成顺津市区承载网核心层容量规划。

步骤 1：确定核心设备数量。下拉选择"1"或"2"，如图 2-55 所示。

图 2-55

步骤 2：计算核心层链路带宽。补全"1 区汇聚上行链路带宽""2 区汇聚上行链路带宽""3 区汇聚上行链路带宽"和"核心，汇聚层带宽收敛比"。本书中暂未对 2 区和 3 区进行接入层、汇聚层计算，此处 2 区和 3 区取值与 1 区相同。计算结果如图 2-56 所示。

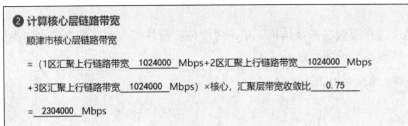

图 2-56

6．项目总结

承载网容量规划主要包括接入层、汇聚层、核心层三个层级的容量计算，每层的规划均以计算设备数量和设备带宽为目标。

7．思考题

在接入层、汇聚层进行拓扑结构选择时，星型 A、星型 B 和环型各有什么优劣？

8．练习题

完成顺津市 2 区与 3 区的接入层、汇聚层网络规划计算，并结合本书中 1 区汇聚层计算结果完成核心层网络规划计算。

2.1.5 核心网容量规划实验

1．实验目的

(1) 掌握 MME、SGW、PGW 网元容量规划计算方法；
(2) 掌握核心网网元架构及接口作用。

2．实验任务

(1) 完成顺津市核心网 MME 设备系统吞吐量计算；
(2) 完成顺津市核心网 SGW 设备系统吞吐量计算；
(3) 完成顺津市核心网 PGW 设备系统吞吐量计算。

3. 实验规划

实验规划数据如表 2-19 所示。

表 2-19 核心网容量规划表

参 数 名 称	默认取值
1 区物联网终端数	30000000
2 区物联网终端数	15000000
3 区物联网终端数	23000000
在线用户比	0.8
S1-MME 接口每用户平均信令流量 / (kb/s)	9
S11-C 接口每用户平均信令流量 / (kb/s)	1
S11-U 接口每用户平均业务流量 / (kb/s)	11
S5 接口每用户平均信令流量 / (kb/s)	9
S6a 接口每用户平均信令流量 / (kb/s)	4
SGi 接口每用户平均信令流量 / (kb/s)	5

4. 建议时长

本实验建议时长为 2 个课时。

5. 实训步骤

任务一：完成顺津市核心网 MME 设备系统吞吐量计算。

步骤 1：打开 IUV_NB-IoT 软件，单击上方 按钮，如图 2-57 所示。

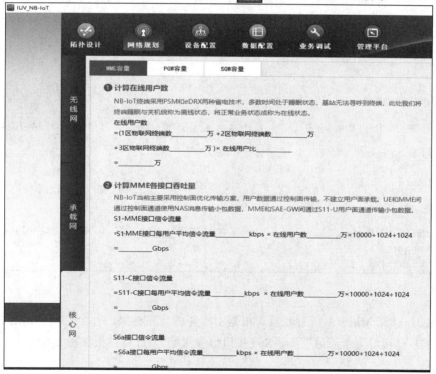

图 2-57

步骤 2：单击左侧"核心网"，再单击上方 [MME 容量] 按钮，进入 MME 容量计算。

步骤 3：计算在线用户数。根据表 2-19 给定的数据，补全"1 区物联网终端数""2 区物联网终端数""3 区物联网终端数"和"在线用户比"。计算结果如图 2-58 所示。

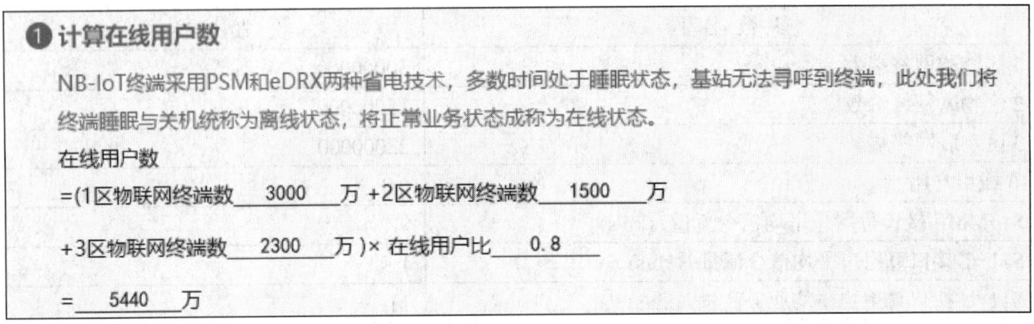

❶ 计算在线用户数

NB-IoT终端采用PSM和eDRX两种省电技术，多数时间处于睡眠状态，基站无法寻呼到终端，此处我们将终端睡眠与关机统称为离线状态，将正常业务状态成称为在线状态。

在线用户数

=(1区物联网终端数 ___3000___ 万 +2区物联网终端数 ___1500___ 万

+3区物联网终端数 ___2300___ 万)× 在线用户比 ___0.8___

= ___5440___ 万

图 2-58

步骤 4：计算 MME 各接口吞吐量。根据表 2-19 给定的数据与步骤 3 的计算结果，补全"S1-MME 接口每用户平均信令流量""S11-C 接口每用户平均信令流量""S6a 接口每用户平均信令流量"和"在线用户数"。计算结果如图 2-59 所示。

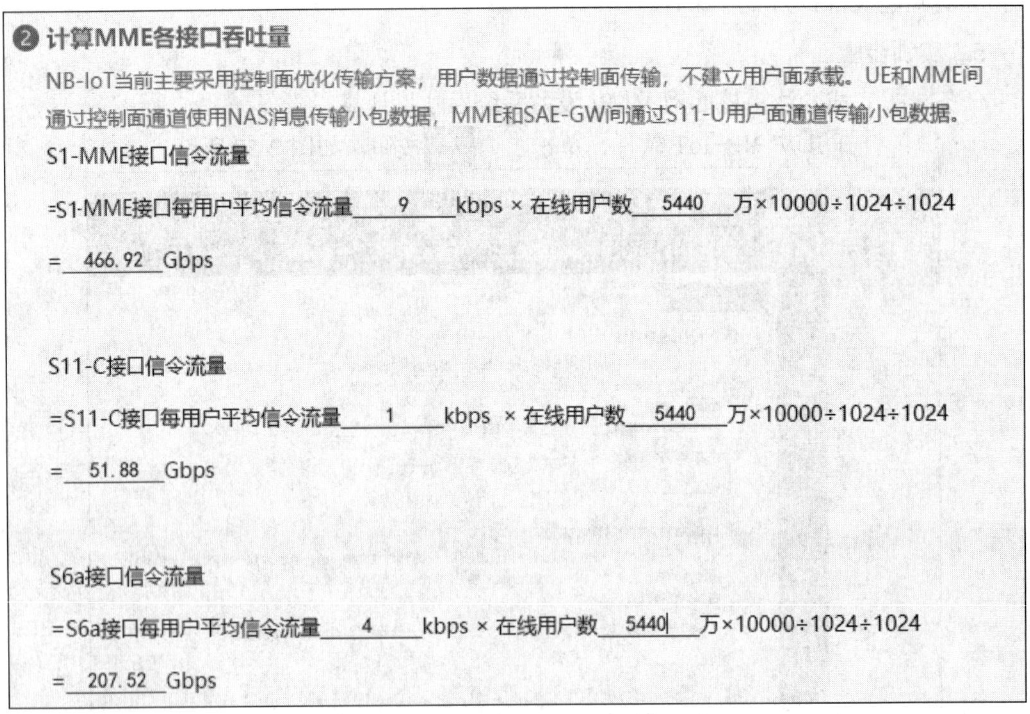

❷ 计算MME各接口吞吐量

NB-IoT当前主要采用控制面优化传输方案，用户数据通过控制面传输，不建立用户面承载。UE和MME间通过控制面通道使用NAS消息传输小包数据，MME和SAE-GW间通过S11-U用户面通道传输小包数据。

S1-MME接口信令流量

=S1-MME接口每用户平均信令流量 ___9___ kbps × 在线用户数 ___5440___ 万×10000÷1024÷1024

= ___466.92___ Gbps

S11-C接口信令流量

=S11-C接口每用户平均信令流量 ___1___ kbps × 在线用户数 ___5440___ 万×10000÷1024÷1024

= ___51.88___ Gbps

S6a接口信令流量

=S6a接口每用户平均信令流量 ___4___ kbps × 在线用户数 ___5440___ 万×10000÷1024÷1024

= ___207.52___ Gbps

图 2-59

步骤 5：计算 MME 系统吞吐量。根据步骤 4 的计算结果，补全"S1-MME 接口信令流量""S11-C 接口信令流量"和"S6a 接口信令流量"。计算结果如图 2-60 所示。

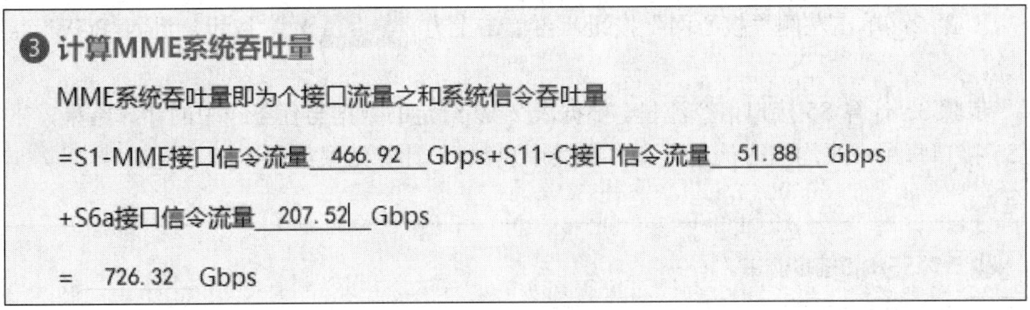

❸ **计算MME系统吞吐量**

MME系统吞吐量即为个接口流量之和系统信令吞吐量

=S1-MME接口信令流量___466.92___Gbps+S11-C接口信令流量___51.88___Gbps

+S6a接口信令流量___207.52___Gbps

=___726.32___Gbps

图 2-60

任务二：完成顺津市核心网 SGW 设备系统吞吐量计算。

步骤 1：打开 IUV_NB-IoT 软件，单击上方 [网络规划] 按钮，如图 2-61 所示。

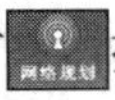

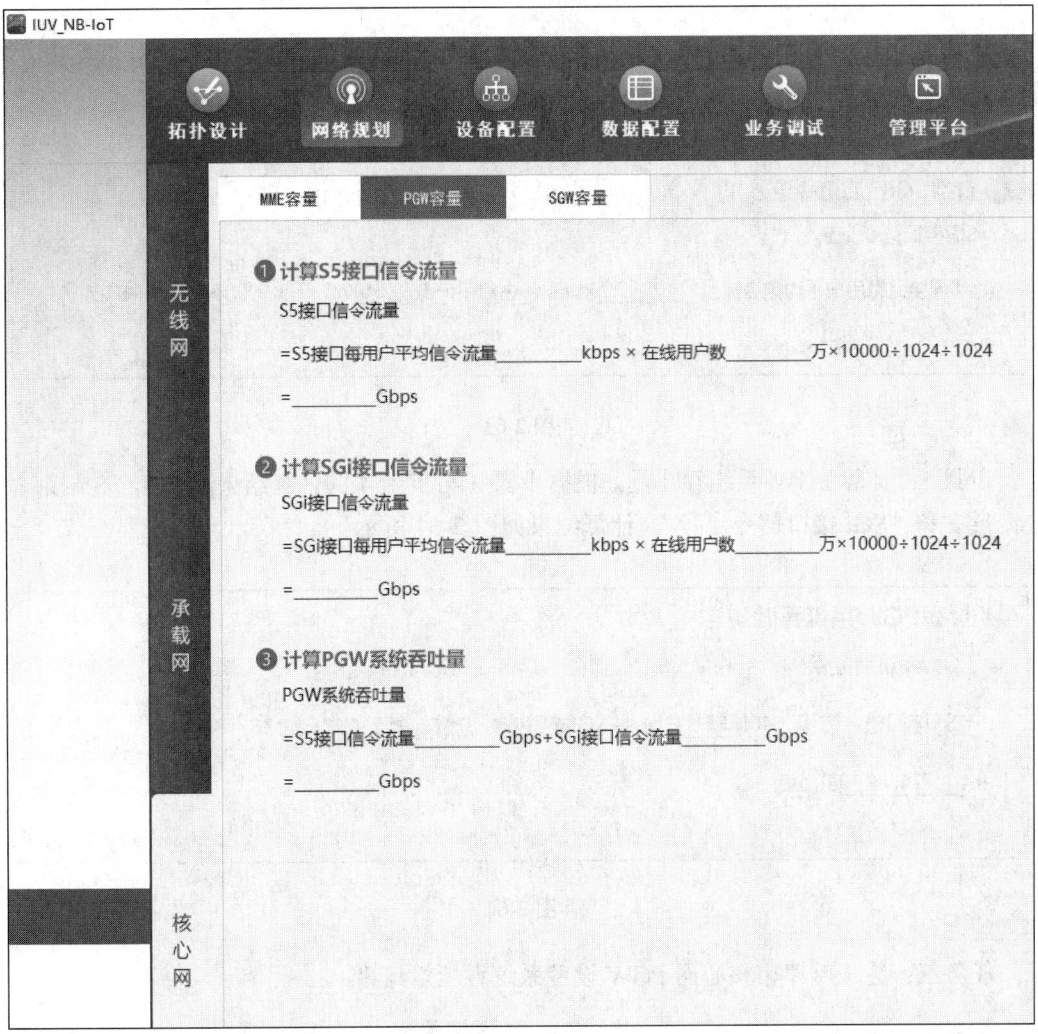

图 2-61

步骤 2：单击左侧"核心网"按钮，再单击上方 [PGW容量] 按钮，进入 PGW 容量计算。

步骤 3：计算 S5 接口信令流量。根据表 2-19 给定的数据与任务一中的计算结果，补全"S5 接口每用户平均信令流量"和"在线用户数"。计算结果如图 2-62 所示。

❶ 计算S5接口信令流量

S5接口信令流量

=S5接口每用户平均信令流量___9___kbps × 在线用户数___5440___万×10000÷1024÷1024

=___466.92___Gbps

图 2-62

步骤 4：计算 SGi 接口信令流量。根据表 2-19 给定的数据与任务一中的计算结果，补全"SGi 接口每用户平均信令流量"和"在线用户数"。计算结果如图 2-63 所示。

❷ 计算SGi接口信令流量

SGi接口信令流量

=SGi接口每用户平均信令流量___5___kbps × 在线用户数___5440___万×10000÷1024÷1024

=___259.4___Gbps

图 2-63

步骤 5：计算 PGW 系统吞吐量。根据步骤 3 与步骤 4 的计算结果，补全"S5 接口信令流量"和"SGi 接口信令流量"。计算结果如图 2-64 所示。

❸ 计算PGW系统吞吐量

PGW系统吞吐量

=S5接口信令流量___466.92___Gbps+SGi接口信令流量___259.4___Gbps

=___726.32___Gbps

图 2-64

任务三：完成顺津市核心网 PGW 设备系统吞吐量计算。

步骤 1：打开 IUV_NB-IoT 软件，单击上方 [网络规划] 按钮，如图 2-65 所示。

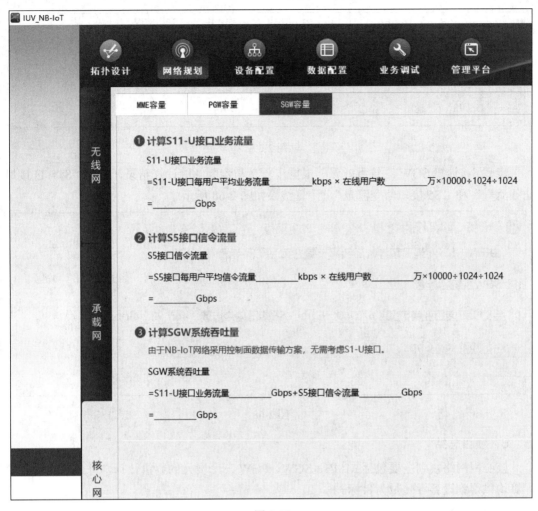

图 2-65

步骤 2：单击左侧 "核心网" 按钮，再单击上方 SGW容量 按钮，进入 PGW 容量计算。

步骤 3：计算 S11-U 接口业务流量。根据表 2-19 给定的数据与任务一中的计算结果，补全 "S11-U 接口每用户平均业务流量" 和 "在线用户数"。计算结果如图 2-66 所示。

图 2-66

步骤 4：计算 S5 接口信令流量。根据表 2-19 给定的数据与任务一中的计算结果，补全 "S5 接口每用户平均信令流量" 和 "在线用户数"。计算结果如图 2-67 所示。

❷ 计算S5接口信令流量

S5接口信令流量

=S5接口每用户平均信令流量 ___9___ kbps × 在线用户数 ___5440___ 万×10000÷1024÷1024

= ___466.92___ Gbps

图 2-67

步骤 5：计算 SGW 系统吞吐量。根据步骤 3 与步骤 4 的计算结果，补全"S11-U 接口业务流量"和"S5 接口信令流量"。计算结果如图 2-68 所示。

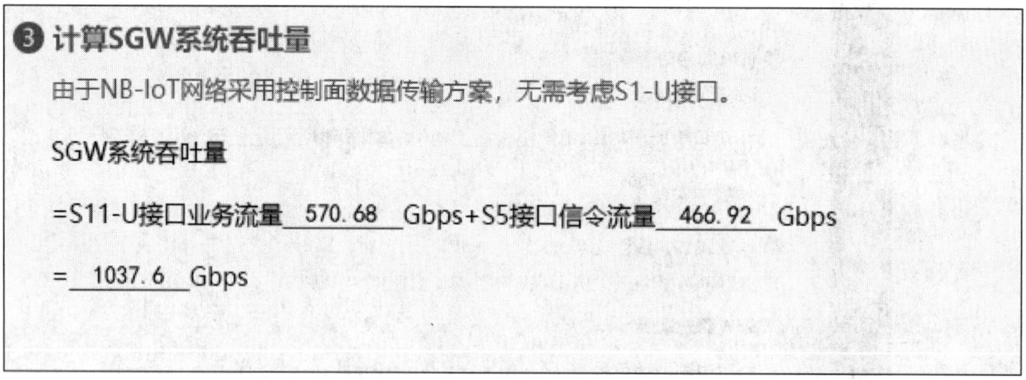

❸ 计算SGW系统吞吐量

由于NB-IoT网络采用控制面数据传输方案，无需考虑S1-U接口。

SGW系统吞吐量

=S11-U接口业务流量 ___570.68___ Gbps+S5接口信令流量 ___466.92___ Gbps

= ___1037.6___ Gbps

图 2-68

6. 项目总结

核心网网络规划主要包括 MME、SGW、PGW 三个网元的容量计算，每个网元的容量计算均以得到设备吞吐量为目标。

7. 思考题

在进行 NB-IoT 核心网容量计算时，与 LTE 核心网容量计算有何区别？为什么有这些区别？

8. 练习题

自行设置各接口流量，并完成 NB-IoT 核心网容量计算。

2.2 设 备 配 置

本节主要分 2 个实验来介绍设备配置相关实验，分别是核心网设备配置实验和无线站点机房配置实验。

其中，核心网设备配置实验介绍了核心网机房各网元的部署、网元设备线缆选型及连接方式。无线站点机房配置实验介绍了无线站点机房各网元的部署方式、各网元间的线缆选型及连线方式。

2.2.1 核心网机房配置实验

1. 实验目的
(1) 掌握核心网机房各网元的部署方式；
(2) 掌握各网元间线缆选型与连接方式。

2. 实验任务
(1) 完成顺津市核心网机房的设备部署；
(2) 完成顺津市核心网机房设备间的连线。

3. 实验规划
核心网设备配置涉及的网元有 MME、SGW、PGW、HSS、交换机与 ODF 架。设备连接如图 2-69 所示。

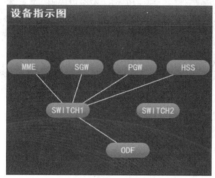

图 2-69

4. 建议时长
本实验建议时长为 8 个课时。

5. 实训步骤
任务一：完成顺津市核心网机房的设备部署。
步骤 1：打开 IUV_NB-IoT 软件，单击上方 [设备配置] 按钮，如图 2-70 所示。

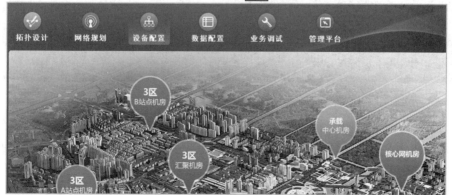

图 2-70

步骤 2：找出并单击 ![核心网机房图标]，进入顺津市核心网机房，主界面显示为机房完整界面。从左至右分别为 MME、SGW、PGW 设备机柜、HSS 设备机柜以及 ODF 架，如图 2-71 所示。

图 2-71

步骤 3：单击最左边的机柜，进入该设备机柜，在主界面右下角显示的"设备资源池"中，有大、中、小三种型号的 MME、SGW、PGW 设备可供使用，如图 2-72 所示。

图 2-72

以 SGW 型号选择为例，在进行设备选型时，应参考如图 2-73 所示的容量规划结果。在容量规划模块中，计算得出 SGW 设备 EPS 承载上下文数为 108 万，系统处理能力为 80.93 Gb/s，系统吞吐量为 90.97 Gb/s。结合设备池中 SGW 设备不同型号的性能参数，仅大型 SGW 设备可以满足容量计算的结果要求，故此处选择大型 SGW 设备。点击"设备资源池"中的大型 SGW 设备，按住左键将设备拖放至主界面机柜内红框处，完成 SGW 设备的硬件添加，同理完成该机柜内大型 MME 设备与大型 PGW 设备的硬件添加。结果如图 2-74 所示。

网元类型	参数项
MME	在线用户数
	S1-MME接口信令流程
	S11-C接口信令流量
	S6a接口信令流量
	MME系统吞吐量
PGW	S5接口信令流量
	SGi接口信令流量
	PGW系统吞吐量
SGW	S11-U接口业务流量
	S5接口信令流量
	SGW系统吞吐量

图 2-73

图 2-74

步骤 4：单击主界面左上角 按钮，退回至机房完整界面，单击"HSS 设备机柜"，机柜展开效果如图 2-75 所示。因 MME 设备选择为大型，其支持 SAU 数为 300 万，故 HSS 支持 SAU 数也应为 300 万，即此处应选择大型 HSS。在右下角"设备资源池"中单击大型 HSS 设备，按住左键将设备拖放至软件主界面机柜内对应红框处，完成 HSS 设备的安装，如图 2-76 所示。

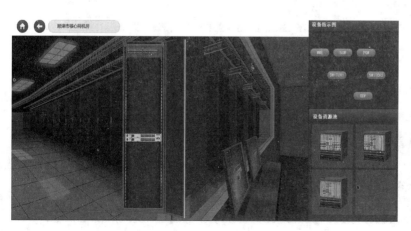

图 2-75

图 2-76

步骤 5：单击主界面左上角""按钮，退回至机房完整界面，然后单击右侧白色机柜，进入 ODF 架界面，如图 2-77 所示。

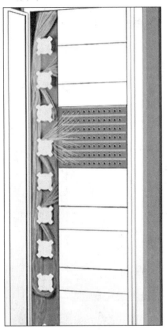

图 2-77

单击主界面右上"设备指示图"中的 ODF 按钮，进入 ODF 架内部结构显示界面，光纤配线架是专为光纤通信机房设计的光纤配线设备，具有光缆固定和保护功能、光缆终接和跳线功能，如图 2-78 所示。

图 2-78

步骤 6：单击设备指示图中 SWITCH1 按钮，进入交换机物理界面，观察可知其内部存在 6 个 10GE 光口、6 个 40GE 光口、6 个 100GE 光口以及 6 个 GE 网口。其结构如图 2-79 所示。

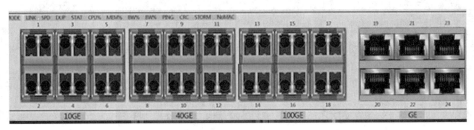

图 2-79

任务二：完成顺津市核心网机房设备间的连线。

步骤 1：在完成任务一的前提下，单击进入"顺津市核心网机房"，在主界面右上角显示为"设备指示图"，在设备间连线时，可通过单击此图中设备网元实现设备间的切换，如图 2-80 所示。

图 2-80

步骤 2：单击"设备指示图"中的 MME 按钮，主界面弹出 MME 内部结构图，其中第 7 槽和第 8 槽单板为 MME 物理接口单板。以第 7 槽单板为例，该单板有 3 个 10GE 光口可供使用，从上到下编号为"1""2""3"。端口可任意选择，此处选择 1 号端口，在主界面右下角"线缆池"中单击"成对 LC-LC 光纤"，再单击 MME 设备第 7 槽单板 1 口，完成 MME 侧线缆连接。根据匹配原则，另一头应该选择 SWITCH 的任意一个 10GE 光口。单击设备指示图中 SWITCH1 按钮，在主界面新弹出的交换机视图中单击任意 10GE 光口，完成交换机侧的线缆连接，至此完成 MME 设备与 SWITCH1 间的线缆连接。完成后的效果如图 2-81 所示。核心网机房交换机连接 MME 后的效果如图 2-82 所示。

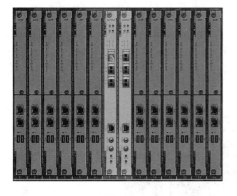

图 2-81

图 2-82

步骤 3：若线缆连接成功，则软件将显示核心网机房的交换机 SWITCH1 与 MME、PGW、SGW 完成逻辑连接，如图 2-83 所示。按照步骤 2 的操作方式，完成机柜内 SGW、PGW 两个设备与 SWITCH1 间的线缆连接(大型 SGW 与 PGW 均只存在 100GE 光口，均应连接至交换机 100GE 光口)。完成后的效果如图 2-84 所示。

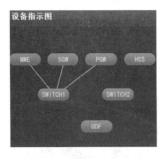

图 2-83

图 2-84

步骤 4：单击"设备指示图"中的 HSS 按钮，主界面弹出 HSS 内部结构图，HSS 设备同样可使用第 7 槽、第 8 槽单板，此处以第 7 槽单板为例，其仅有 1 个 GE 网口，编号为"1"。在主界面右下角"线缆池"中单击"以太网线"，单击 HHS 设备第 7 槽单板 1 口，完成 HSS 侧的以太网线连接，再单击"设备指示图"中的 SWITCH1 按钮，在弹出的 SWITCH 设备结构图中单击任意 GE 网口，完成 HSS 与 SWITCH1 间的以太网线连接。HSS 设备连线完成效果如图 2-85 所示。核心网交换机连接效果如图 2-86 所示。

图 2-85

图 2-86

步骤 5：在核心网所有网元均连接至 SWITCH1 后，需完成 SWITCH1 与 ODF 配线架的连接，以实现核心网与承载网间的相互连接。单击"设备指示图"中的 SWITCH1 按钮，在"线缆池"中单击"成对 LC-FC 光纤"，并单击主界面交换机任意 100GE 光口(任意速率光口均可，端口选择取决于对端机房设备接口速率)，再单击"设备指示图"中的 ODF 按钮，单击 ODF 机架第一对接口，将信号传递至承载中心机房 ODF 架端口 1(此处也可以选择第二对端口，其取决自身网络规划)，如图 2-87、图 2-88 所示。

图 2-87

图 2-88

6. 项目总结

在设备连线的过程中，应着重注意光口速率的相互匹配。如线缆一端连接核心网设备 100GE 光口，另一端也应连接至 SWITCH 的 100GE 光口，否则无法实现设备间的相互通信。

7. 思考题

选择 HSS 设备型号时，选择 MME 为小型设备，是否可以选择 HSS 为中型或大型设备？如果可以，请简洁阐述这样选择的好处与坏处。

8. 练习题

根据网络拓扑设计项目，完成顺津市核心网双平面设备的连接。

2.2.2　无线站点机房配置实验

1. 实验目的

(1) 掌握无线站点机房各网元的部署方式；
(2) 掌握各网元间的线缆选型与连线方式。

2. 实验任务

完成顺津市无线站点机房的设备配置(以顺津市 1 区 C 站点机房为例)。

3. 实验规划

无线站点设备配置涉及的网元如图 2-89 所示。

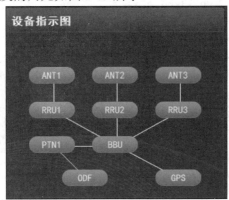

图 2-89

4. 建议时长

本实验建议时长为 8 个课时。

5. 实训步骤

任务一：无线站点机房配置。

步骤 1：打开 IUV_NB-IoT 软件，单击上方 ![设备配置] 按钮，如图 2-90 所示。

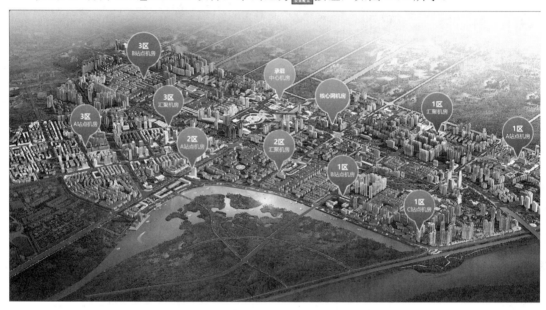

图 2-90

步骤 2：找出并单击 ![1区 C站点机房]，进入顺津市 1 区 C 站点机房，主界面显示为该站点机房整体视图，如图 2-91 所示。

图 2-91

步骤 3：将鼠标移动至主界面机房门处，机房门将出现高亮颜色提示，如图 2-92 所示。单击该机房门进入该机房，该机房内从左至右分别为 BBU 设备机柜、PTN 设备机柜以及 ODF 架，如图 2-93 所示。

图 2-92　　　　　　　　　　　　　　　图 2-93

步骤 4：单击机房内左侧的 BBU 设备机柜，主界面将弹出该机柜结构示意图，主界面右下角为"设备资源池"，如图 2-94 所示。在"设备资源池"中，单击并按住 BBU 设备，将其拖放至 BBU 机柜内对应红框提示处。完成结果如图 2-95 所示。

图 2-94

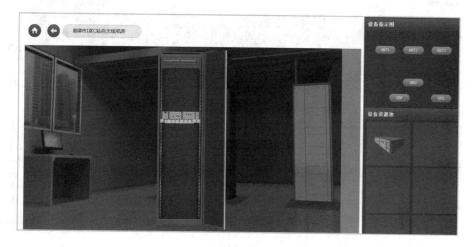

图 2-95

单击机柜内 BBU 设备(或单击设备示意图中 BBU 网元),进入 BBU 设备内部结构视图,如图 2-96 所示。

图 2-96

BBU 内部接口说明如表 2-20 所示。

表 2-20　BBU 内部接口说明表

接口名称	说　明
EHT0	GE/FE 自适应电接口,可用于连接 PTN
Tx/Rx	GE/FE 自适应光接口,可用于连接 PTN(ETH0 和 Tx/Rx 接口互斥使用)
Tx0/Rx0～Tx2/Rx2	光接口,用于连接 RRU
IN	外接 GPS 天线

步骤 5：单击主界面左上角 按钮退回至机房内界面,单击中间机柜进入 PTN 机柜视图,主界面右下角为"设备资源池",如图 2-97 所示。在该资源池中有 6 种设备可供选择,即大、中、小型的 PTN 和 RT 设备。此处以小型 PTN 为例,将鼠标放置在"设备资源池"中各个设备上,根据软件提示找到小型 PTN,单击并按住小型 PTN,将其拖放至主界面 PTN 机柜内对应红框提示处。完成结果如图 2-98 所示。

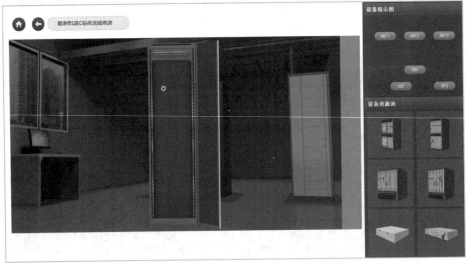

图 2-97

图 2-98

单击机柜内 PTN 设备(或单击设备示意图中 PTN 网元)，进入 PTN 内部结构视图，如图 2-99 所示。将鼠标放置在主界面中 PTN 设备左右两侧的滑动示意条处，可进行 PTN 设备的左右移动，如图 2-100 所示。

图 2-99

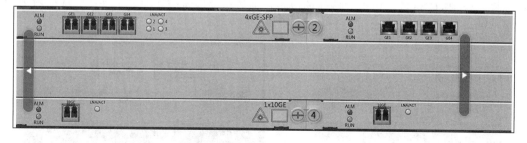

图 2-100

步骤 6：单击左上角 ⬅ 按钮退回至机房内界面，然后单击右侧 ODF 架，结果如图 2-101 所示。在"设备指示图"中单击 ODF 按钮，结果如图 2-102 所示。

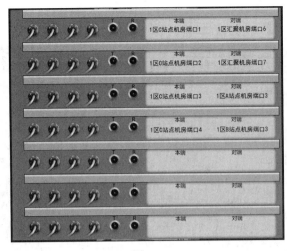

图 2-101

图 2-102

步骤 7：单击三次主界面左上角 ← 按钮，退回至站点机房整体视图，将鼠标移动至站点机房窗口处，出现 GPS 天线高亮提示，如图 2-103 所示。单击提示处，进入 GPS 天线界面，如图 2-104 所示。

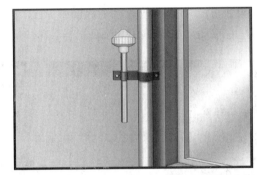

图 2-103

图 2-104

步骤 8：单击左上角 ← 按钮退回至站点机房整体视图，将鼠标移动至基站铁塔顶端处，单击该处的高亮提示，如图 2-105 所示。进入 RRU 安装界面，从右侧"设备资源池"中任意选择一台 RRU 设备，单击并按住该设备，拖放至铁塔对应红框提示处。完成所有 RRU 安装后的结果如图 2-106 所示。

图 2-105

图 2-106

任务二：无线站点机房设备间连线。

步骤 1：在完成任务一的前提下，在顺津市 1 区 C 站点机房，主界面右上角将显示为"设备指示图"。在设备间连线时，可通过单击此处的不同设备网元实现设备间的切换。在"设备指示图"中单击 BBU 按钮，进入 BBU 内部结构，在主界面右下角为"线缆池"，如图 2-107 所示。

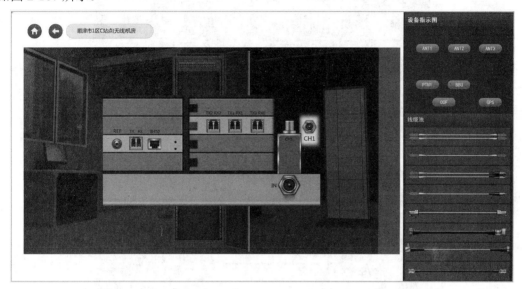

图 2-107

此软件常用线缆的简要介绍如表 2-21 所示。

表 2-21 软件常用线缆表

线缆名称	介 绍	可连接端口
成对 LC-LC 光纤	LC 接口是方形的(即常说的小头)	光口之间的连接，用于连接 BBU 和 RRU
成对 LC-FC 光纤	FC 外部加强方式采用金属套，紧固方式为螺丝扣，一般在 ODF 侧使用	用于连接 PTN 和 ODF
以太网线	线缆两端均为 8P8C 直式电缆压接屏蔽插头，电缆采用 FTP 超五类屏蔽数据线缆	网口之间的连接，用于连接 BBU 和 PTN
GPS 馈线	GPS 馈线就是从设备到 GPS 的是专用的馈线，室外的馈线一般是 7/8 的，室内的是 1/2 的	用于连接 BBU 与 GPS

步骤 2：BBU 与 RRU 之间的连接。鼠标单击"线缆池"中的"成对 LC-LC 光纤"，BBU 上面的四个光口将呈现黄色高亮状态，单击 BBU 的 Tx0/Rx0 接口完成光纤一端与 BBU 的连接，如图 2-108 所示。然后单击右上角"设备指示图"中的 RRU1 按钮，RRU1 的 OPT1

端口为黄色高亮状态，鼠标单击 OPT1 接口，完成线缆另一端与 RRU 的连接，将鼠标移动至端口线缆处可看到该线缆本端接口和对端接口的位置，如图 2-109 所示。

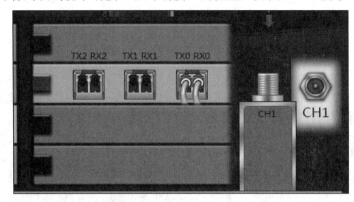

图 2-108

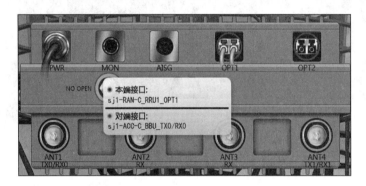

图 2-109

步骤 3：重复步骤 2，用"成对 LC-LC 光纤"完成 BBU 与 RRU2、RRU3 的连线，如图 2-110 所示。

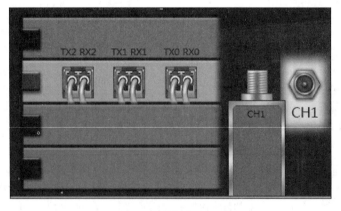

图 2-110

步骤 4：RRU 与天线之间的连接。此处默认使用 2*2 的天线收发模式，即需要将 RRU 与天线的 ANT1 接口、ANT4 接口相连。在"线缆池"中找到并单击"天线跳线"，如图 2-111 所示。

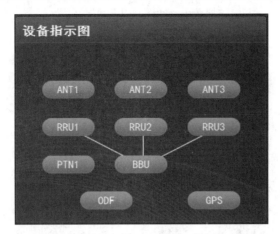

图 2-111

在"设备指示图"中单击 RRU1 按钮，单击 RRU1 设备的 ANT1 接口，完成天线馈线一端与 RRU 设备的连接，再在"设备指示图"中单击 ANT1 按钮，单击天线的 ANT1 接口，完成天线跳线另一端的连接，至此完成了 RRU1 与 ANT1 的第一路连接，如图 2-112 所示。

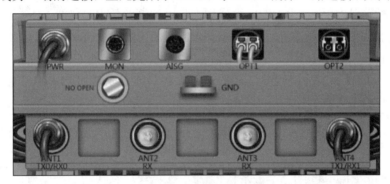

图 2-112

按照同样的方法可完成 RRU1 与该天线 ANT4 接口的连接，以及 RRU2 和 RRU3 与天线的连接，如图 2-113 所示。

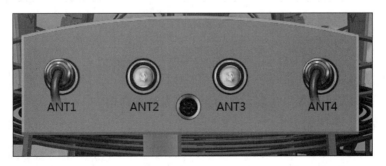

图 2-113

步骤 5：BBU 与 GPS 之间的连接。在"线缆池"里找到并单击"GPS 馈线"，单击"设备指示图"的 BBU 按钮，再单击 BBU 设备 IN 口，将 GPS 馈线的一端连接至 BBU 的 IN

端口。之后单击"设备指示图"中 GPS 按钮，单击 GPS 设备中黄色高亮提示处，完成 GPS 馈线与 GPS 的连接，如图 2-114、图 2-115 所示。

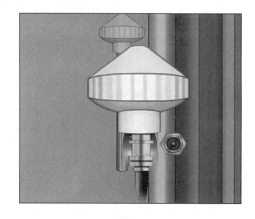

图 2-114　　　　　　　　　　　　　　　　　　图 2-115

步骤 6：BBU 与 PTN 之间的连接。BBU 与 PTN 间可采用光口或电口进行互连，此处以采用光口进行互连的方法为例。在"线缆池"中找到并单击"成对 LC-LC 光纤"，单击"设备指示图"中 BBU 按钮，在弹出的 BBU 视图中单击 Tx/Rx 接口，完成线缆与 BBU 间的连接，再在"设备指示图"中单击 PTN1 按钮，在弹出的 PTN 视图中单击第 1 槽单板上任意一个 GE 端口，完成线缆与 PTN 的连接，最终完成 PTN 与 BBU 间的光缆连接，如图 2-116、图 2-117 所示。

图 2-116　　　　　　　　　　　　　　　　　　图 2-117

6. 项目总结

在设备连线的过程中，各设备之间的端口数量有很多，只有选择正确的端口才能保证设备间的互通，如果连接端口错误，将会影响设备间的通信。

7. 思考题

BBU 与天线之间除了可以采用 2*2 的收发模式，还可以采用 2*4 的收发模式，这种模式应该如何进行连线？

8. 练习题

以 1 区 C 站点为例完成顺津市 2 区 A 站点和 3 区 B 站点机房的设备配置。

2.3 数 据 配 置

本节主要介绍数据配置的 6 个相关实验：MME 数据配置实验、SGW 数据配置实验、PGW 数据配置实验、HSS 数据配置实验、三层交换机配置实验和无线站点参数配置实验。

MME 数据配置实验介绍了 MME 网元数据配置方式以及 MME 与其他网元的对接参数和路由配置；SGW 数据配置实验介绍了 SGW 网元数据配置方式以及 SGW 与其他网元的对接参数和路由配置；PGW 数据配置实验介绍了 PGW 网元数据配置方式以及 PGW 与其他网元的对接参数和路由配置；HSS 数据配置实验介绍了 HSS 网元数据配置方式以及 HSS 与其他网元的对接参数和路由配置；三层交换机配置实验介绍了三层交换机的数据规范及配置；无线站点参数配置实验介绍了 BBU 和 RRU 网元的数据配置方式以及 BBU 与其他网元的对接参数和小区参数配置。

2.3.1 MME 数据配置实验

1. 实验目的

(1) 掌握 MME 网元数据配置方式；
(2) 掌握 MME 与其他网元的对接参数和路由配置。

2. 实验任务

完成顺津市核心网机房的 MME 数据配置。

3. 实验规划

核心网 MME 数据配置，以 1 区 C 站点为例进行无线侧参数对接。各网元之间的接口如图 2-118 所示。IP 地址具体数据规划如表 2-22 所示。

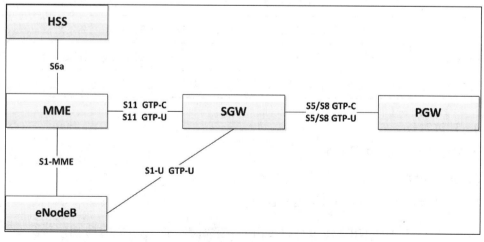

图 2-118

表 2-22　IP 地址规划表

设　备	接口	IP 地址	子网掩码	备　注
MME	物理接口	10.1.1.1	255.255.255.0	物理接口 IP 地址
	S11 GTP-C	1.1.1.10	255.255.255.255	MME 与 SGW 间控制面地址
	S11 GTP-U	1.1.1.11	255.255.255.255	MME 与 SGW 间用户面地址
	S6a	1.1.1.6	255.255.255.255	MME 与 HSS 间接口地址
	S1-MME	1.1.1.1	255.255.255.255	MME 与 eNodeB 间接口地址
HSS	物理接口	10.1.1.2	255.255.255.0	物理接口 IP 地址
	S6a	2.2.2.6	255.255.255.255	HSS 与 MME 间接口地址
SGW	物理地址	10.1.1.3	255.255.255.0	物理接口 IP 地址
	S5/S8 GTP-C	3.3.3.5	255.255.255.255	SGW 与 PGW 间接口地址
	S5/S8 GTP-U	3.3.3.8	255.255.255.255	SGW 与 PGW 间接口地址
	S11 GTP-C	3.3.3.10	255.255.255.255	SGW 与 MME 间控制面地址
	S11 GTP-U	3.3.3.11	255.255.255.255	SGW 与 MME 间用户面地址
	S1-U	3.3.3.1	255.255.255.255	SGW 与 eNodeB 间接口地址
PGW	物理接口	10.1.1.4	255.255.255.0	物理接口 IP 地址
	S5/S8 GTP-C	4.4.4.5	255.255.255.255	PGW 与 SGW 间接口地址
	S5/S8 GTP-U	4.4.4.8	255.255.255.255	PGW 与 SGW 间接口地址
核心层 SW	VLAN 地址	10.1.1.10	255.255.255.0	核心网设备物理接口网关地址
1 区 eNodeB	物理地址	10.10.10.10	255.255.255.0	BBU 物理接口地址
1 区接入层 PTN	VLAN 地址	10.10.10.1	255.255.255.0	1区BBU 设备物理接口网关地址
2 区 eNodeB	物理地址	20.20.20.20	255.255.255.0	BBU 物理接口地址
2 区接入层 PTN	VLAN 地址	20.20.20.1	255.255.255.0	2区BBU 设备物理接口网关地址
3 区 eNodeB	物理地址	30.30.30.30	255.255.255.0	BBU 物理接口地址
3 区接入层 PTN	VLAN 地址	30.30.30.1	255.255.255.0	3区BBU 设备物理接口网关地址

4. 建议时长

本实验建议时长为 8 个课时。

5. 实训步骤

任务：顺津市核心网 MME 数据配置。

步骤 1：打开 IUV_NB-IoT 软件，单击上方 [数据配置] 按钮，如图 2-119 所示。

图 2-119

步骤 2：单击软件界面左上角下拉选项选择 顺津市核心网机房 ，进入核心网数据配置界面，如图 2-120 所示。

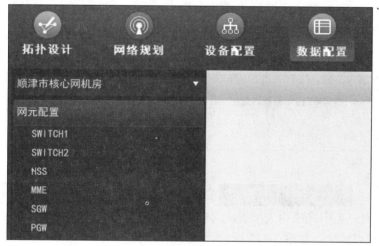

图 2-120

步骤 3：单击"网元配置"节点里的 MME 按钮，进入 MME 数据配置界面，单击 全局移动参数 按钮，如图 2-121 所示。

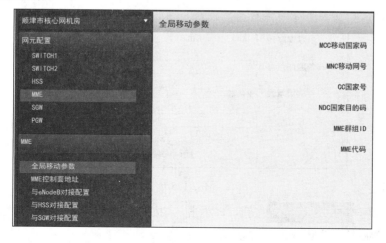

图 2-121

在弹出的界面中，将数据填写完整，然后单击 确定 按钮。其中，关键性的参数说明如图 2-122 所示。根据此说明填写全局移动参数。完成结果如图 2-123 所示。

参数名称	说明	取值举例
移动国家码	根据实际填写，如中国的移动国家码为460	460
移动网号	根据运营商的实际情况填写	01
国家码	根据实际填写，如中国的国家码为86	86
国家目的码	根据运营商的实际情况填写	133
MME群组ID	在网络中标识一个MME群组	1
MME代码	在网络中标识一个MME	1

图 2-122

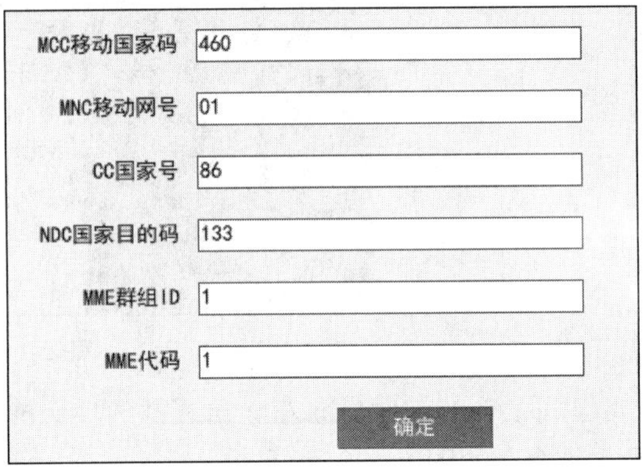

MCC移动国家码 460
MNC移动网号 01
CC国家号 86
NDC国家目的码 133
MME群组ID 1
MME代码 1
确定

图 2-123

步骤 4：单击 MME控制面地址 按钮，MME 控制地址是 MME 的 S10 接口地址，根据地址规划进行填写，如图 2-124 所示。

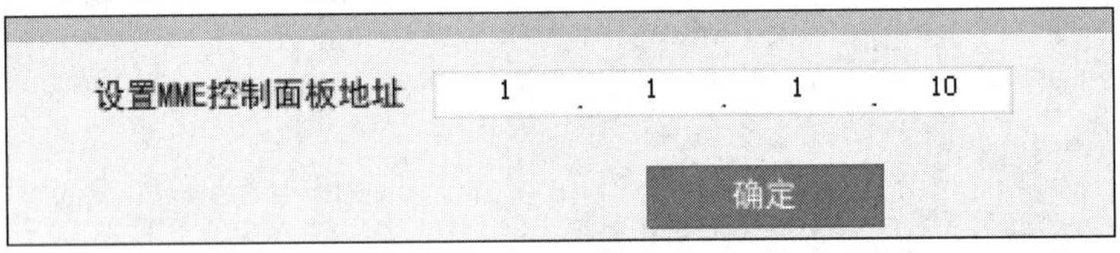

设置MME控制面板地址　1 . 1 . 1 . 10
确定

图 2-124

步骤 5：单击 与eNodeB对接配置 按钮，之后依次单击 eNodeB偶联配置 按钮和 + 按钮，在弹出的对话框中完成相关配置，其中本地偶联 IP 为 S1-MME 地址，对端偶联 IP 为 eNodeB 物理接口地址，如图 2-125 所示。

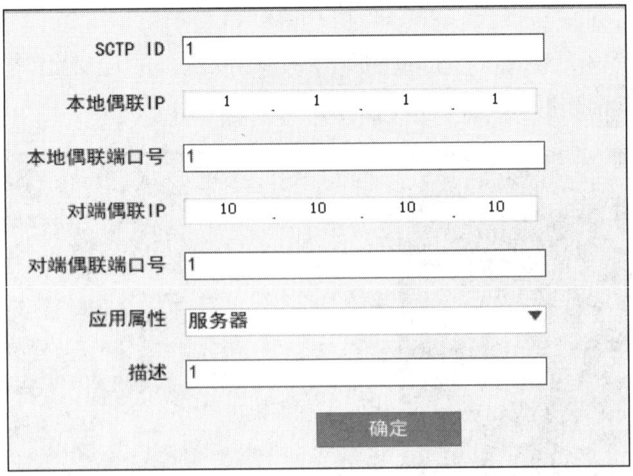

SCTP ID 1
本地偶联IP 1 . 1 . 1 . 1
本地偶联端口号 1
对端偶联IP 10 . 10 . 10 . 10
对端偶联端口号 1
应用属性 服务器
描述 1
确定

图 2-125

步骤 6：单击 TA配置 按钮，再单击 + 按钮，增加 TAC 区域，如图 2-126 所示。其中 TAC 值为四位十六进制。

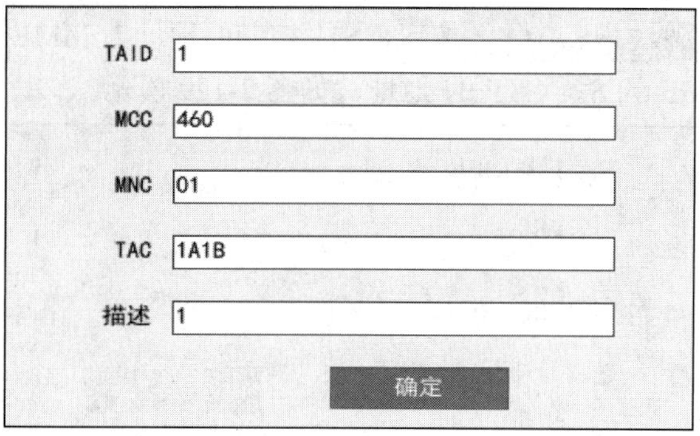

TAID	1
MCC	460
MNC	01
TAC	1A1B
描述	1

确定

图 2-126

步骤 7: 单击 与HSS对接配置 按钮,之后依次单击 增加diameter连接 按钮和 + 按钮。在"Diameter 连接 1"的对接配置中,偶联本端 IP 为 MME 的 S6A 地址,偶联对端 IP 为 HSS 的 S6A 地址。配置结果如图 2-127 所示。

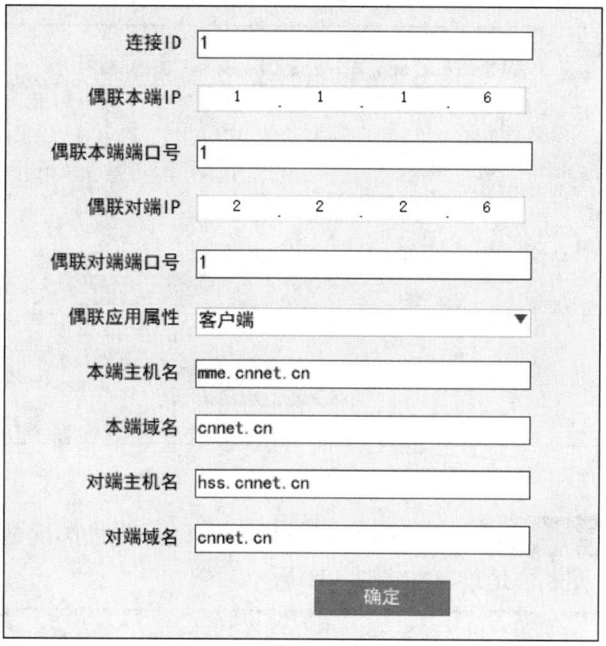

连接ID	1
偶联本端IP	1 . 1 . 1 . 6
偶联本端端口号	1
偶联对端IP	2 . 2 . 2 . 6
偶联对端端口号	1
偶联应用属性	客户端 ▼
本端主机名	mme.cnnet.cn
本端域名	cnnet.cn
对端主机名	hss.cnnet.cn
对端域名	cnnet.cn

确定

图 2-127

单击 号码分析配置 按钮,再单击 + 按钮。分析号码为 IMSI 的前几位(如 MCC+MNC)地址,连接 ID 与"Diameter 连接 1"中一致,如图 2-128 所示。

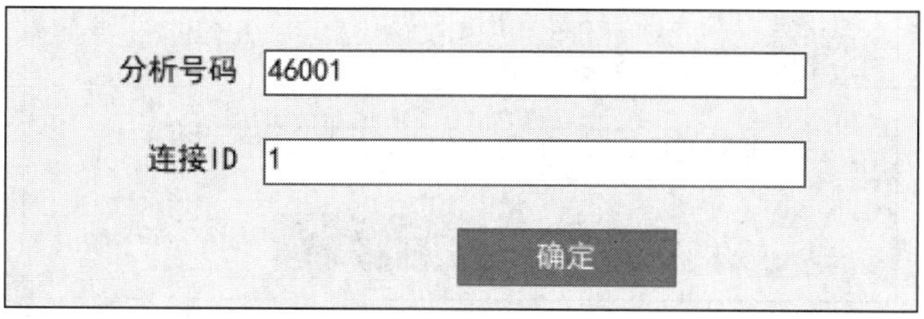

| 分析号码 | 46001 |
| 连接ID | 1 |

确定

图 2-128

步骤 8：单击 [与SGW对接配置] 按钮，S11 控制面地址为 MME 的 S11 GTP-C 地址，S11 用户面地址为 MME 的 S11 GTP-U 地址，如图 2-129 所示。

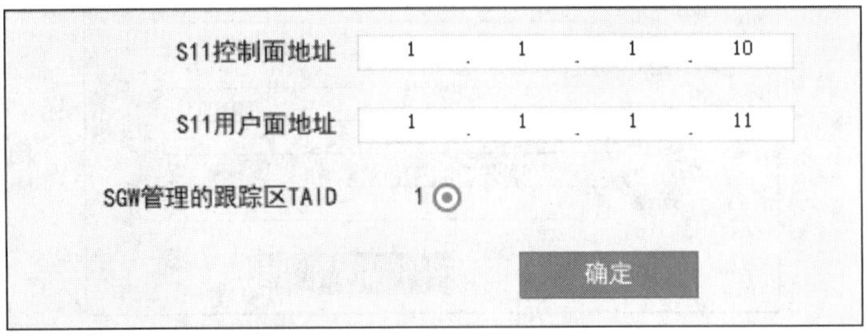

S11控制面地址	1 . 1 . 1 . 10
S11用户面地址	1 . 1 . 1 . 11
SGW管理的跟踪区TAID	1 ⊙

确定

图 2-129

步骤 9：单击 [基本会话业务配置] 按钮，有两个基本会话业务需要配置，其中 APN 地址解析是寻址到 PGW。单击 [APN解析配置] 按钮，再单击 [+] 按钮，这一条为 PGW 的 S5/S8 GTP-C 控制面地址，APN 的名称设置为 test，如图 2-130 所示。

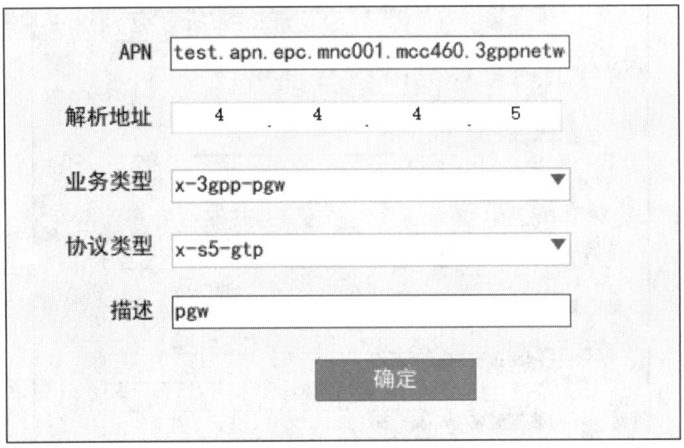

APN	test. apn. epc. mnc001. mcc460. 3gppnetw
解析地址	4 . 4 . 4 . 5
业务类型	x-3gpp-pgw ▼
协议类型	x-s5-gtp ▼
描述	pgw

确定

图 2-130

单击 [EPC地址解析配置] 按钮，再单击 [+] 按钮，EPC 地址解析是寻址到 SGW，即为 SGW 的 S11 GTP-C 控制面地址，如图 2-131 所示。

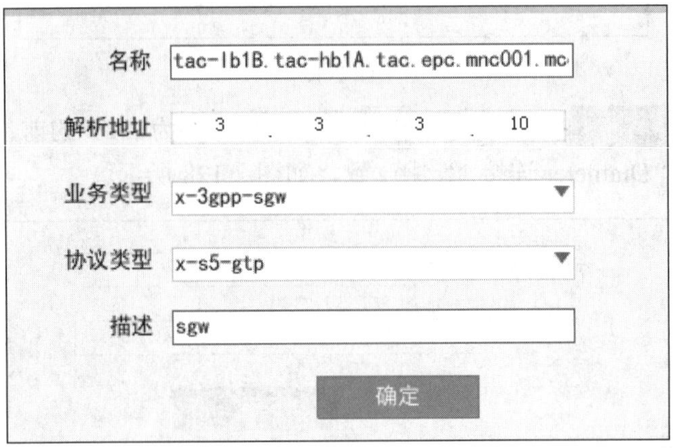

名称	tac-lb1B. tac-hb1A. tac. epc. mnc001. mc
解析地址	3 . 3 . 3 . 10
业务类型	x-3gpp-sgw ▼
协议类型	x-s5-gtp ▼
描述	sgw

确定

图 2-131

步骤 10：单击 CloT配置 按钮，IUV_NB-IoT 软件只支持 CP 优化，其他默认选为不支持，定时器根据实际情况选择时间，如图 2-132 所示。

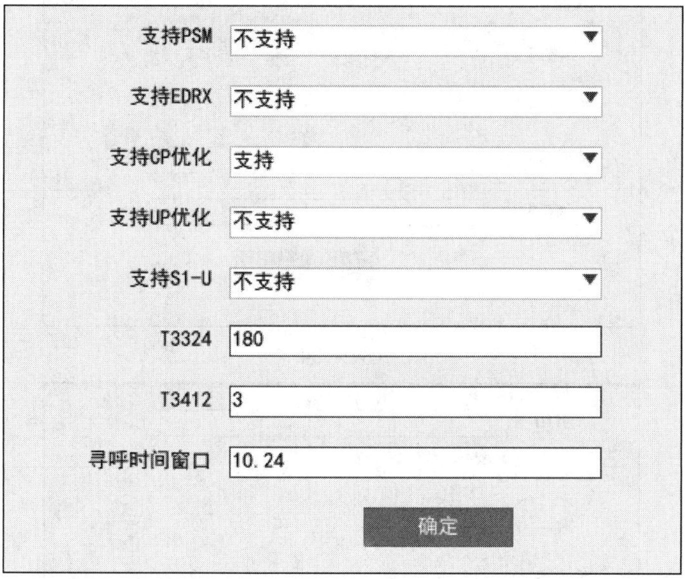

支持PSM	不支持 ▼
支持EDRX	不支持 ▼
支持CP优化	支持 ▼
支持UP优化	不支持 ▼
支持S1-U	不支持 ▼
T3324	180
T3412	3
寻呼时间窗口	10. 24

确定

图 2-132

步骤 11：单击 接口IP配置 按钮，增加 MME 的物理接口配置，即第 7 槽位 1 号端口的物理接口地址，如图 2-133 所示。

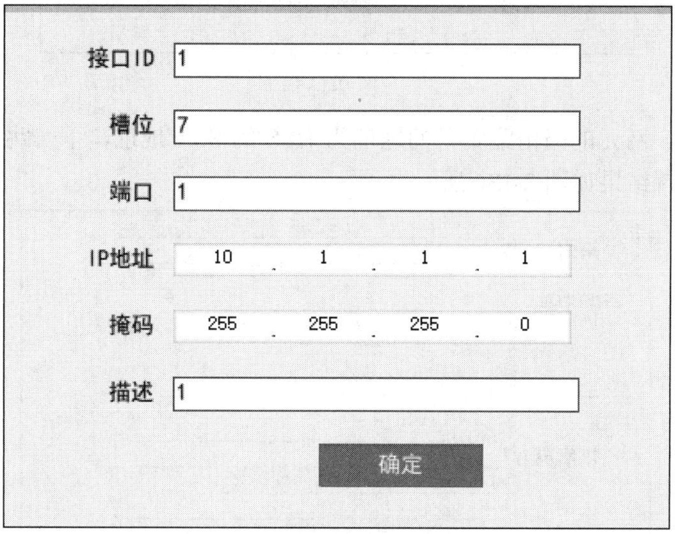

接口ID	1
槽位	7
端口	1
IP地址	10 . 1 . 1 . 1
掩码	255 . 255 . 255 . 0
描述	1

确定

图 2-133

步骤 12：单击 路由配置 按钮，根据网络架构图，增加 MME 到其他相邻网元的路由配置。其中，MME 到 SGW 网元需要两条路由配置，一条目的地址为 SGW 的 S11 GTP-C 控制面地址，下一跳地址为 SGW 的物理接口地址；另一条目的地址为 SGW 的 S11 GTP-U 用户面地址，下一跳地址为 SGW 的物理接口地址。配置结果如图 2-134、图 2-135 所示。

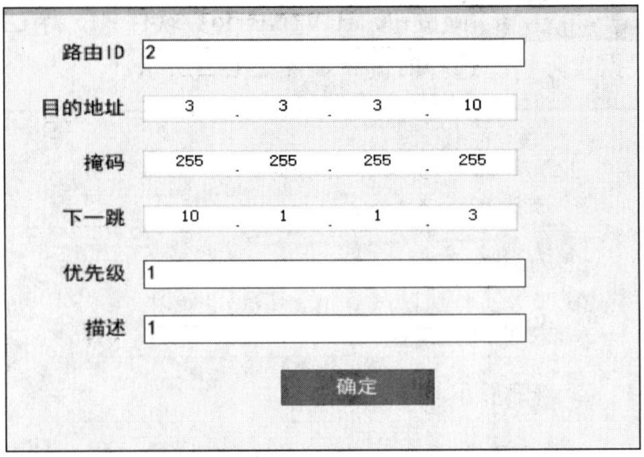

图 2-134

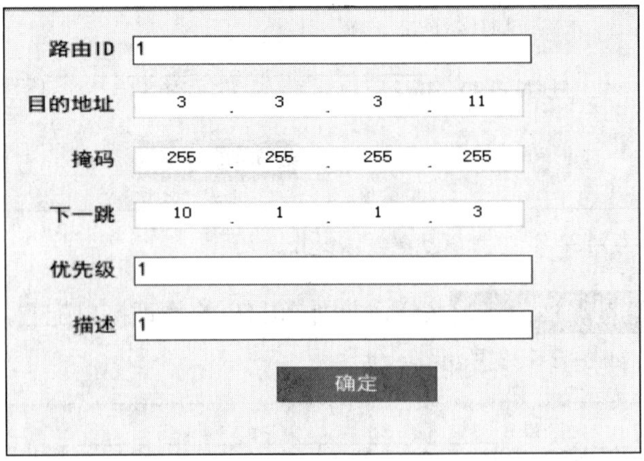

图 2-135

MME 到 HSS 网元的路由配置目的地址为 HSS 的 S6A 地址,下一跳地址为 HSS 的物理接口地址。配置结果如图 2-136 所示。

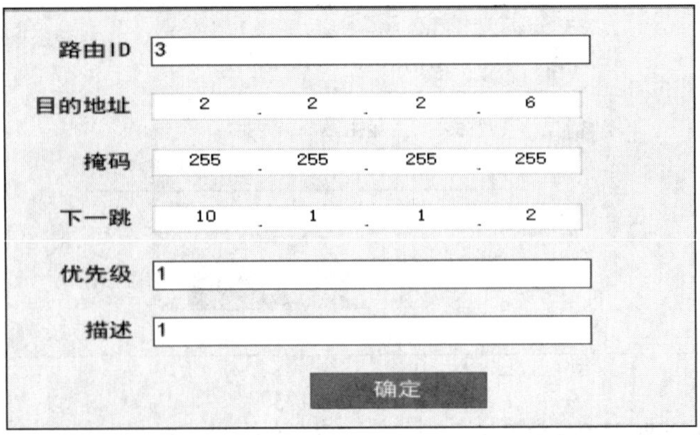

图 2-136

MME 到 eNodeB 网元的路由配置目的地址为 eNodeB 的 IP 地址,下一跳地址为和核心网相邻的 PTN 地址。配置结果如图 2-137 所示。

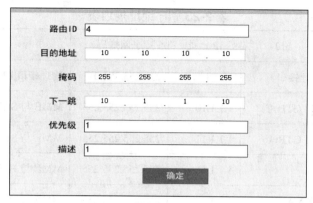

图 2-137

6. 项目总结

MME 数据配置时，需着重注意业务对接 IP 地址与物理接口地址配置的区别。

7. 思考题

路由配置时是否可以用缺省路由？

8. 练习题

完成顺津市核心网机房的 MME 数据配置。

2.3.2 SGW 数据配置实验

1. 实验目的

(1) 掌握 SGW 网元的数据配置方式；

(2) 掌握 SGW 与其他网元的对接参数和路由配置。

2. 实验任务

完成顺津市核心网机房的 SGW 数据配置。

3. 实验规划

SGW 数据配置的规划示意如图 2-138 所示。IP 地址规划数据如表 2-23 所示。

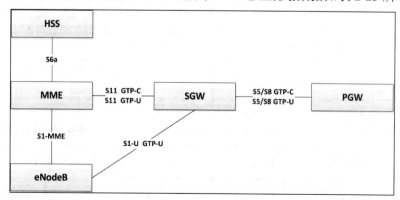

图 2-138

表 2-23 IP 地址规划表

设　备	接口	IP 地址	子网掩码	备　注
MME	物理接口	10.1.1.1	255.255.255.0	物理接口 IP 地址
	S11 GTP-C	1.1.1.10	255.255.255.255	MME 与 SGW 间控制面地址
	S11 GTP-U	1.1.1.11	255.255.255.255	MME 与 SGW 间用户面地址
	S6a	1.1.1.6	255.255.255.255	MME 与 HSS 间接口地址
	S1-MME	1.1.1.1	255.255.255.255	MME 与 eNodeB 间接口地址
HSS	物理接口	10.1.1.2	255.255.255.0	物理接口 IP 地址
	S6a	2.2.2.6	255.255.255.255	HSS 与 MME 间接口地址
SGW	物理地址	10.1.1.3	255.255.255.0	物理接口 IP 地址
	S5/S8 GTP-C	3.3.3.5	255.255.255.255	SGW 与 PGW 间接口地址
	S5/S8 GTP-U	3.3.3.8	255.255.255.255	SGW 与 PGW 间接口地址
	S11 GTP-C	3.3.3.10	255.255.255.255	SGW 与 MME 间控制面地址
	S11 GTP-U	3.3.3.11	255.255.255.255	SGW 与 MME 间用户面地址
	S1-U	3.3.3.1	255.255.255.255	SGW 与 eNodeB 间接口地址
PGW	物理接口	10.1.1.4	255.255.255.0	物理接口 IP 地址
	S5/S8 GTP-C	4.4.4.5	255.255.255.255	PGW 与 SGW 间接口地址
	S5/S8 GTP-U	4.4.4.8	255.255.255.255	PGW 与 SGW 间接口地址
核心层 SW	VLAN 地址	10.1.1.10	255.255.255.0	核心网设备物理接口网关地址
1 区 eNodeB	物理地址	10.10.10.10	255.255.255.0	BBU 物理接口地址
1 区接入层 PTN	VLAN 地址	10.10.10.1	255.255.255.0	1 区 BBU 设备物理接口网关地址
2 区 eNodeB	物理地址	20.20.20.20	255.255.255.0	BBU 物理接口地址
2 区接入层 PTN	VLAN 地址	20.20.20.1	255.255.255.0	2 区 BBU 设备物理接口网关地址
3 区 eNodeB	物理地址	30.30.30.30	255.255.255.0	BBU 物理接口地址
3 区接入层 PTN	VLAN 地址	30.30.30.1	255.255.255.0	3 区 BBU 设备物理接口网关地址

4. 建议时长

本实验建议时长为 8 个课时。

5. 实训步骤

任务：顺津市核心网机房的 SGW 数据配置。

步骤 1：打开 IUV_NB-IoT 软件，单击上方  数据配置 按钮，然后单击软件界面左上方  顺津市核心网机房 ▼ 按钮，再单击"网元配置"中的  SGW 按钮，进入核心网 SGW 配置界面，如图 2-139 所示。

图 2-139

步骤 2：在 SGW 数据配置界面，单击  PLMN配置 按钮，按照网络规划完成 MCC、MNC 配置。完成结果如图 2-140 所示。

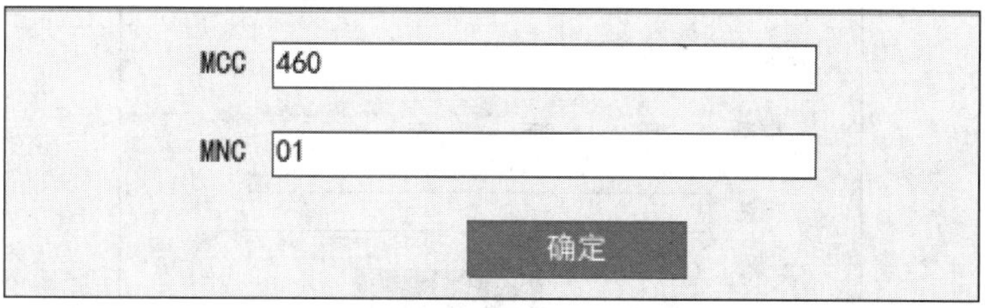

图 2-140

步骤 3：单击与MME对接配置按钮，S11 控制面地址为 SGW 的 S11 GTP-C 接口地址，S11 用户面地址为 SGW 的 S11 GTP-U 接口地址，如图 2-141 所示。

S11控制面地址
3 . 3 . 3 . 10
S11用户面地址
3 . 3 . 3 . 11
确定

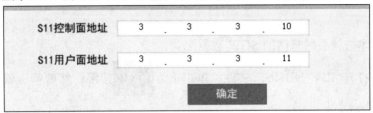

图 2-141

步骤 4：单击与eNodeB对接配置按钮，与 eNodeB 对接配置的地址为 SGW 的 S1-U 的用户面接口地址，如图 2-142 所示。

s1u-gtp-ip-address
3 . 3 . 3 . 1
确定

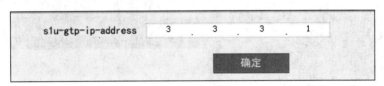

图 2-142

步骤 5：单击与PGW对接配置按钮，与 PGW 对接配置的地址为 SGW 的 S5/S8 GTP-C 控制面接口地址为 3.3.3.5，SGW 的 S5/S8 GTP-U 用户面的接口地址为 3.3.3.8，如图 2-143 所示。

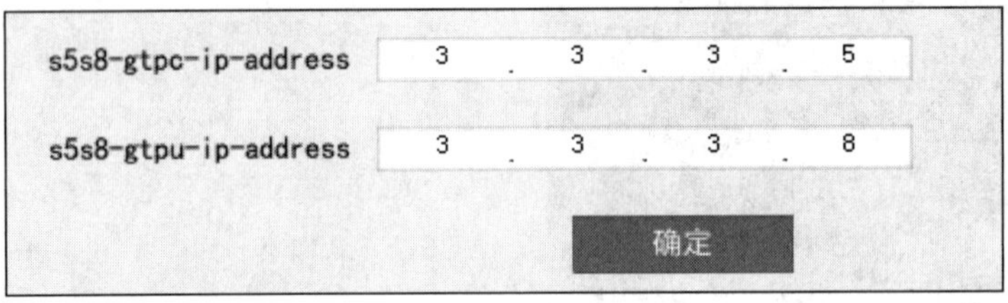

s5s8-gtpc-ip-address
3 . 3 . 3 . 5
s5s8-gtpu-ip-address
3 . 3 . 3 . 8
确定

图 2-143

步骤 6：单击接口IP配置按钮，增加 SGW 的物理接口配置，即第 7 槽位 1 号端口的物理接口地址，如图 2-144 所示。

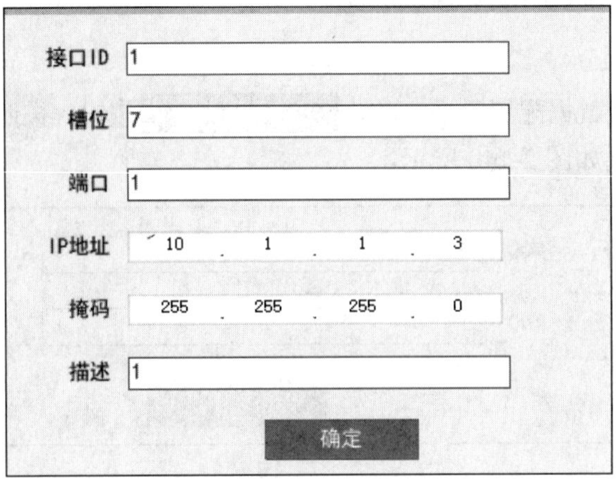

接口ID
1
槽位
7
端口
1
IP地址
10 . 1 . 1 . 3
掩码
255 . 255 . 255 . 0
描述
1
确定

图 2-144

步骤 7：单击 **路由配置** 按钮，根据网络架构图，增加 SGW 到其他相邻网元的路由配置。其中，SGW 到 MME 网元需要两条路由配置，一条目的地址为 MME 的 S11 GTP-C 控制面地址，下一跳地址为 MME 的物理接口地址；另一条目的地址为 MME 的 S11 GTP-U 用户面地址，下一跳地址为 MME 的物理接口地址。配置结果如图 2-145、图 2-146 所示。

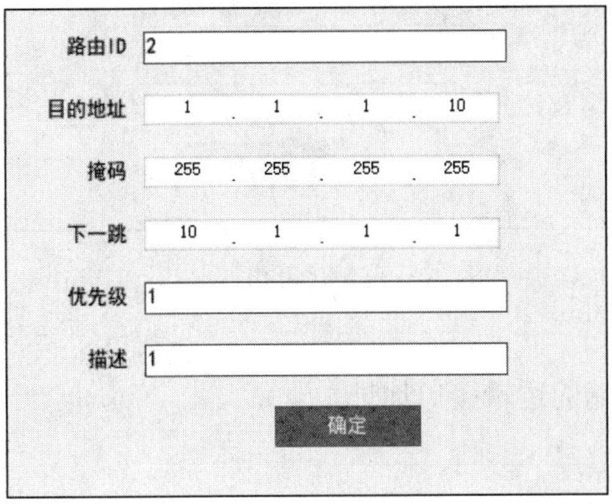

路由ID	2	
目的地址	1 . 1 . 1 . 10	
掩码	255 . 255 . 255 . 255	
下一跳	10 . 1 . 1 . 1	
优先级	1	
描述	1	
	确定	

路由ID	3	
目的地址	1 . 1 . 1 . 11	
掩码	255 . 255 . 255 . 255	
下一跳	10 . 1 . 1 . 1	
优先级	1	
描述	1	
	确定	

图 2-145 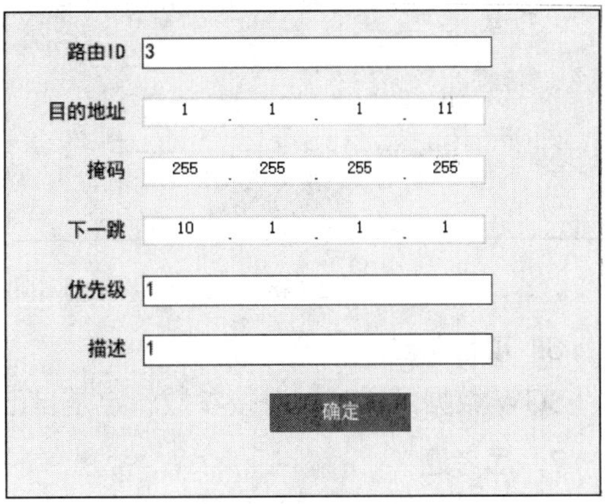　　　　　　　　　　　图 2-146

SGW 到 eNodeB 网元的路由配置目的地址为 eNodeB 的 S1-U 地址，下一跳地址为核心网相邻的 PTN 地址，如图 2-147 所示。

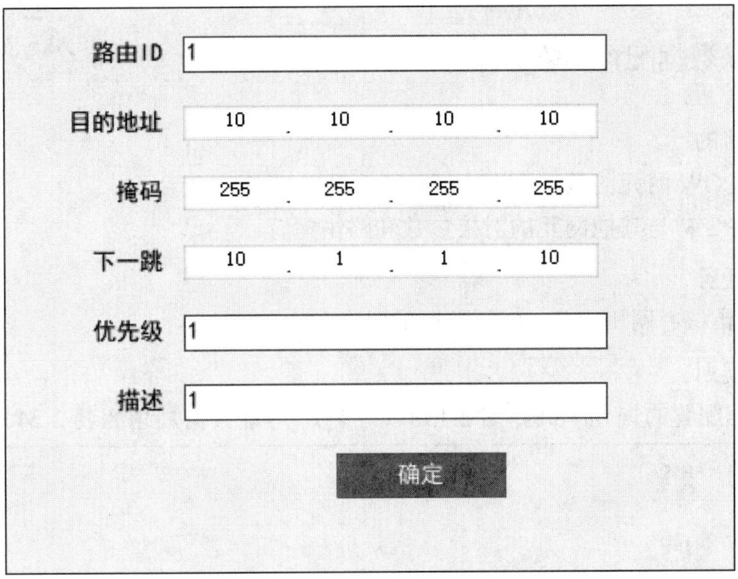

路由ID	1
目的地址	10 . 10 . 10 . 10
掩码	255 . 255 . 255 . 255
下一跳	10 . 1 . 1 . 10
优先级	1
描述	1
	确定

图 2-147

SGW 到 PGW 网元的路由有两条，一条目的地址为 PGW 的 S5/S8 GTP-C 控制面的接口地址，下一跳地址为 PGW 的物理接口地址；另一条目的地址为 PGW 的 S5/S8 GTP-U 的用户面接口地址，下一跳地址为 PGW 的物理接口地址。配置结果如图 2-148、图 2-149 所示。

图 2-148   图 2-149

6. 项目总结

SGW 数据配置时，对接参数一定是自己本端的逻辑接口地址。

7. 思考题

SGW 网元与其他网元间是否均存在业务接口？如果存在，请详细描述各设备间业务接口的数量与作用。

8. 练习题

完成顺津市核心网机房的 SGW 数据配置。

2.3.3 PGW 数据配置实验

1. 实验目的

(1) 掌握 PGW 网元的数据配置方式；

(2) 掌握 PGW 与其他网元的对接参数和路由配置。

2. 实验任务

完成顺津市核心网机房的 PGW 数据配置。

3. 实验规划

PGW 数据配置的规划举例如图 2-150 所示。IP 地址数据规划如表 2-24 所示。

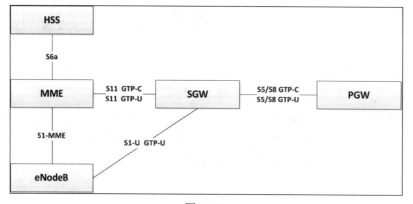

图 2-150

表 2-24　IP 地址规划表

设　备	接　口	IP 地址	子网掩码	备　注
MME	物理接口	10.1.1.1	255.255.255.0	物理接口 IP 地址
	S11 GTP-C	1.1.1.10	255.255.255.255	MME 与 SGW 间控制面地址
	S11 GTP-U	1.1.1.11	255.255.255.255	MME 与 SGW 间用户面地址
	S6a	1.1.1.6	255.255.255.255	MME 与 HSS 间接口地址
	S1-MME	1.1.1.1	255.255.255.255	MME 与 eNodeB 间接口地址
HSS	物理接口	10.1.1.2	255.255.255.0	物理接口 IP 地址
	S6a	2.2.2.6	255.255.255.255	HSS 与 MME 间接口地址
SGW	物理地址	10.1.1.3	255.255.255.0	物理接口 IP 地址
	S5/S8 GTP-C	3.3.3.5	255.255.255.255	SGW 与 PGW 间接口地址
	S5/S8 GTP-U	3.3.3.8	255.255.255.255	SGW 与 PGW 间接口地址
	S11 GTP-C	3.3.3.10	255.255.255.255	SGW 与 MME 间控制面地址
	S11 GTP-U	3.3.3.11	255.255.255.255	SGW 与 MME 间用户面地址
	S1-U	3.3.3.1	255.255.255.255	SGW 与 eNodeB 间接口地址
PGW	物理接口	10.1.1.4	255.255.255.0	物理接口 IP 地址
	S5/S8 GTP-C	4.4.4.5	255.255.255.255	PGW 与 SGW 间接口地址
	S5/S8 GTP-U	4.4.4.8	255.255.255.255	PGW 与 SGW 间接口地址
核心层 SW	VLAN 地址	10.1.1.10	255.255.255.0	核心网设备物理接口网关地址
1 区 eNodeB	物理地址	10.10.10.10	255.255.255.0	BBU 物理接口地址
1 区接入层 PTN	VLAN 地址	10.10.10.1	255.255.255.0	1 区 BBU 设备物理接口网关地址
2 区 eNodeB	物理地址	20.20.20.20	255.255.255.0	BBU 物理接口地址
2 区接入层 PTN	VLAN 地址	20.20.20.1	255.255.255.0	2 区 BBU 设备物理接口网关地址
3 区 eNodeB	物理地址	30.30.30.30	255.255.255.0	BBU 物理接口地址
3 区接入层 PTN	VLAN 地址	30.30.30.1	255.255.255.0	3 区 BBU 设备物理接口网关地址

4．建议时长

本实验建议时长为 8 个课时。

5．实训步骤

任务：顺津市核心网 PGW 数据配置。

步骤 1：打开 IUV_NB-IoT 软件，单击上方 [数据配置] 按钮，然后单击软件界面左上方 [顺津市核心网机房 ▼] 按钮，再单击网元配置中 [PGW] 按钮，进入核心网配置界面，如图 2-151 所示。

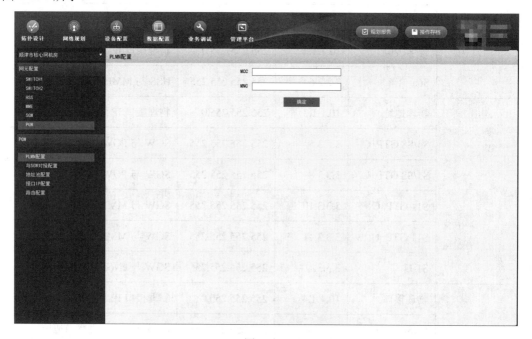

图 2-151

步骤 2：在 PGW 数据配置界面，单击 [PLMN配置] 按钮，按照网络规划完成 MCC、MNC 配置，如图 2-152 所示。

MCC	460
MNC	01

确定

图 2-152

步骤 3：单击 [与SGW对接配置] 按钮，与 SGW 对接配置的地址为 PGW 的 S5/S8 GTP-C 控制面接口地址 4.4.4.5，PGW 的 S5/S8 GTP-U 用户面的接口地址为 4.4.4.8，如图 2-153 所示。

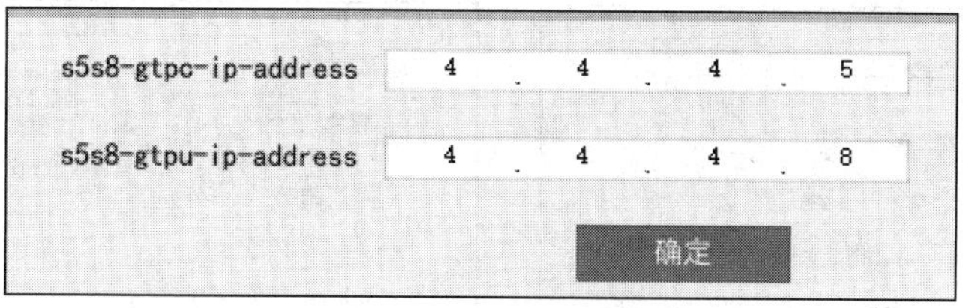

图 2-153

步骤 4：单击 地址池配置 按钮。PGW 网元的作用之一是为终端分配 IP 地址，故此处需配置一个地址池供终端使用，APN 名称必须与 MME 中的 APN 解析名称一致，地址池中的地址不可与网络中其他地址重复。配置结果如图 2-154 所示。

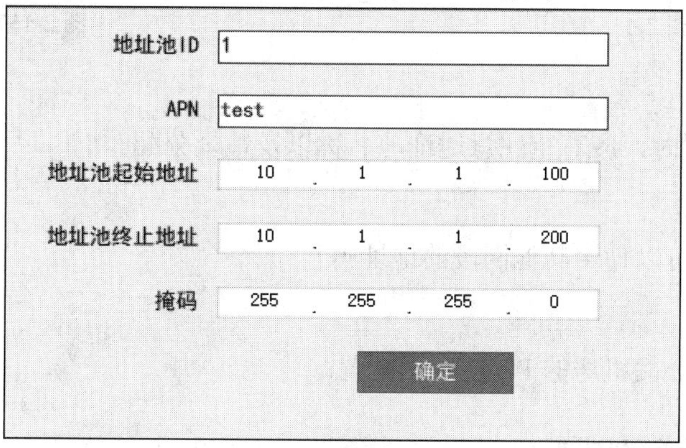

图 2-154

步骤 5：单击 接口IP配置 按钮，增加 PGW 的物理接口配置，即第 7 槽位 1 号端口的物理接口地址，如图 2-155 所示。

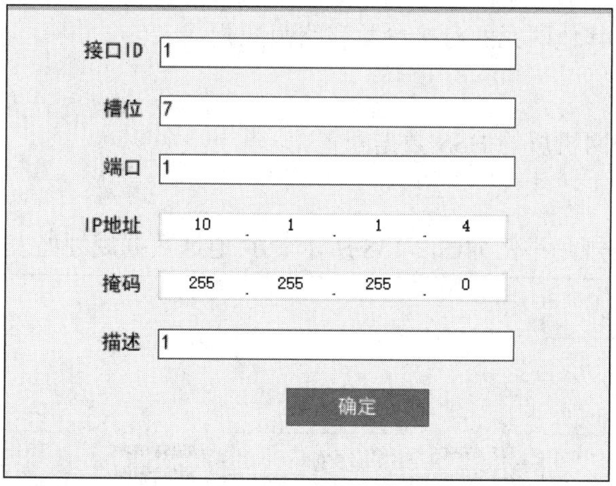

图 2-155

步骤 6：单击 路由配置 按钮，根据网络架构图，增加 PGW 到其他相邻网元的路由配置。PGW 到 SGW 网元需要两条路由配置，一条目的地址为 SGW 的 S5/S8 GTP-C 控制面地址，下一跳地址为 SGW 的物理接口地址；另一条目的地址为 SGW 的 S5/S8 GTP-U 用户面地址，下一跳地址为 SGW 的物理接口地址。配置结果如图 2-156、图 2-157 所示。

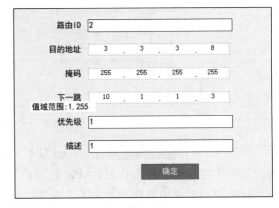

图 2-156　　　　　　　　　　　　　图 2-157

6．项目总结

PGW 数据配置时，应着重注意地址池名称以及地址分配。

7．思考题

地址池配置时可以使用其他网段的地址吗？

8．练习题

完成顺津市核心网机房的 PGW 数据配置。

2.3.4　HSS 数据配置实验

1．实验目的

(1) 掌握 HSS 网元的数据配置方式；

(2) 掌握 HSS 与其他网元的对接参数和路由配置。

2．实验任务

完成顺津市核心网机房的 HSS 数据配置。

3．实验规划

HSS 数据配置的规划举例如图 2-158 所示。IP 地址数据规划如表 2-25 所示。

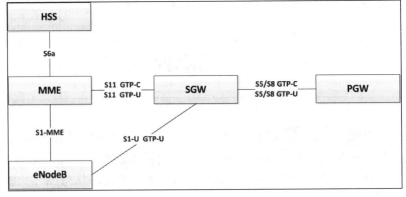

图 2-158

表 2-25 IP 地址规划表

设备	接口	IP 地址	子网掩码	备 注
MME	物理接口	10.1.1.1	255.255.255.0	物理接口 IP 地址
	S11 GTP-C	1.1.1.10	255.255.255.255	MME 与 SGW 间控制面地址
	S11 GTP-U	1.1.1.11	255.255.255.255	MME 与 SGW 间用户面地址
	S6a	1.1.1.6	255.255.255.255	MME 与 HSS 间接口地址
	S1-MME	1.1.1.1	255.255.255.255	MME 与 eNodeB 间接口地址
HSS	物理接口	10.1.1.2	255.255.255.0	物理接口 IP 地址
	S6a	2.2.2.6	255.255.255.255	HSS 与 MME 间接口地址
SGW	物理地址	10.1.1.3	255.255.255.0	物理接口 IP 地址
	S5/S8 GTP-C	3.3.3.5	255.255.255.255	SGW 与 PGW 间接口地址
	S5/S8 GTP-U	3.3.3.8	255.255.255.255	SGW 与 PGW 间接口地址
	S11 GTP-C	3.3.3.10	255.255.255.255	SGW 与 MME 间控制面地址
	S11 GTP-U	3.3.3.11	255.255.255.255	SGW 与 MME 间用户面地址
	S1-U	3.3.3.1	255.255.255.255	SGW 与 eNodeB 间接口地址
PGW	物理接口	10.1.1.4	255.255.255.0	物理接口 IP 地址
	S5/S8 GTP-C	4.4.4.5	255.255.255.255	PGW 与 SGW 间接口地址
	S5/S8 GTP-U	4.4.4.8	255.255.255.255	PGW 与 SGW 间接口地址
核心层 SW	VLAN 地址	10.1.1.10	255.255.255.0	核心网设备物理接口网关地址
1 区 eNodeB	物理地址	10.10.10.10	255.255.255.0	BBU 物理接口地址
1 区接入层 PTN	VLAN 地址	10.10.10.1	255.255.255.0	1 区 BBU 设备物理接口网关地址
2 区 eNodeB	物理地址	20.20.20.20	255.255.255.0	BBU 物理接口地址
2 区接入层 PTN	VLAN 地址	20.20.20.1	255.255.255.0	2 区 BBU 设备物理接口网关地址
3 区 eNodeB	物理地址	30.30.30.30	255.255.255.0	BBU 物理接口地址
3 区接入层 PTN	VLAN 地址	30.30.30.1	255.255.255.0	3 区 BBU 设备物理接口网关地址

4. 建议时长

本实验建议时长为 8 个课时。

5. 实训步骤

任务一：顺津市核心网 HSS 数据配置。

步骤 1：打开 IUV_NB-IoT 软件，单击上方 ▢数据配置 按钮，然后单击软件界面左上方 ▢顺津市核心网机房 ▾ 按钮，再单击网元配置中的 HSS 按钮，进入核心网配置界面 如图 2-159 所示。

图 2-159

步骤 2：在 HSS 数据配置界面，单击 与MME对接配置 按钮，与 MME 对接配置的本端 偶联地址为 HSS 的 S6A 接口地址，对端偶联地址为 MME 的 S6A 接口地址，如图 2-160 所示。

SCTP ID	1
Diameter偶联本端IP	2 . 2 . 2 . 6
Diameter偶联本端端口号	1
Diameter偶联对端IP	1 . 1 . 1 . 6
Diameter偶联对端端口号	1
Diameter偶联应用属性	服务器 ▾
本端主机名	hss.cnnet.cn
本端域名	cnnet.cn
对端主机名	mme.cnnet.cn
对端域名	cnnet.cn

确定

图 2-160

步骤 3：单击 接口IP配置 按钮，增加 HSS 的物理接口配置，即第 7 槽位 1 号端口配置物理接口地址，如图 2-161 所示。

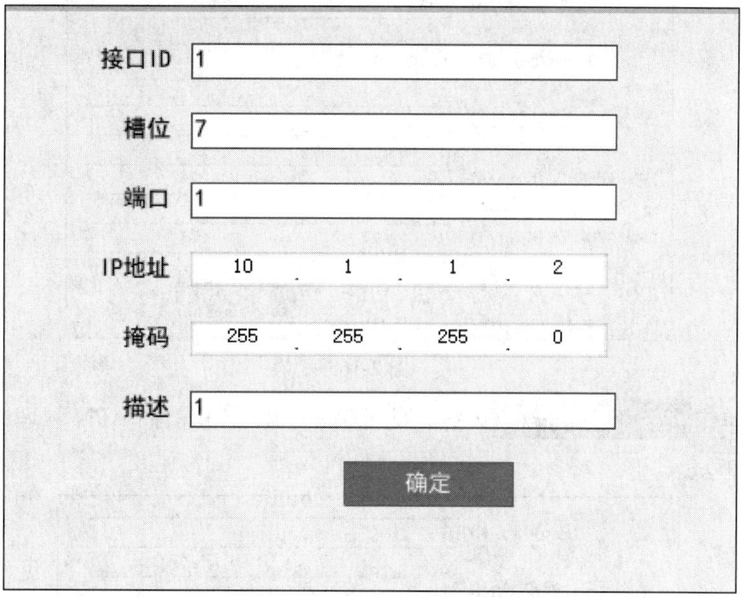

接口ID	1			
槽位	7			
端口	1			
IP地址	10	1	1	2
掩码	255	255	255	0
描述	1			

确定

图 2-161

步骤 4：单击 路由配置 按钮，根据网络架构图，增加 HSS 到其他相邻网元的路由配置，此处只与 MME 相邻，目的地址为 MME 的 S6A 地址，下一跳地址为 MME 的物理接口地址。配置结果如图 2-162 所示。

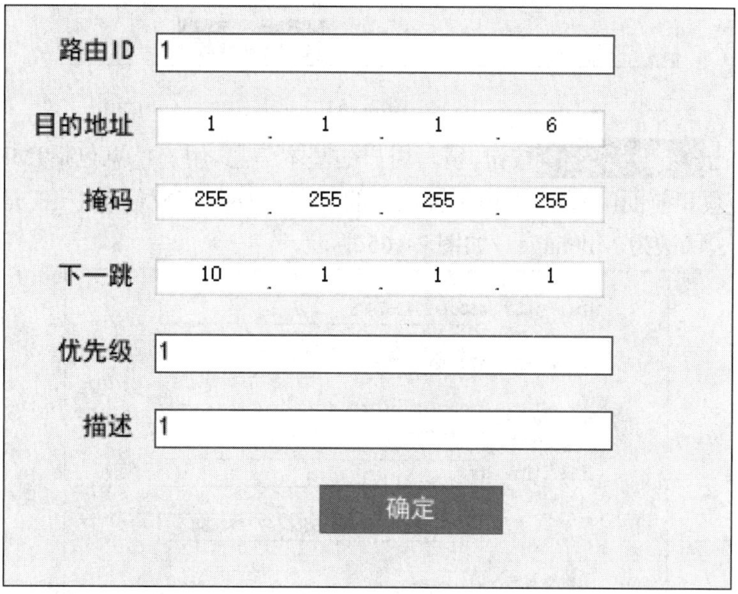

路由ID	1			
目的地址	1	1	1	6
掩码	255	255	255	255
下一跳	10	1	1	1
优先级	1			
描述	1			

确定

图 2-162

步骤 5：单击 APN管理 按钮，APN 名称与地址池名称保持一致，Qos 分类识别码只能选择 QCI 8 或 QCI 9，如图 2-163 所示。

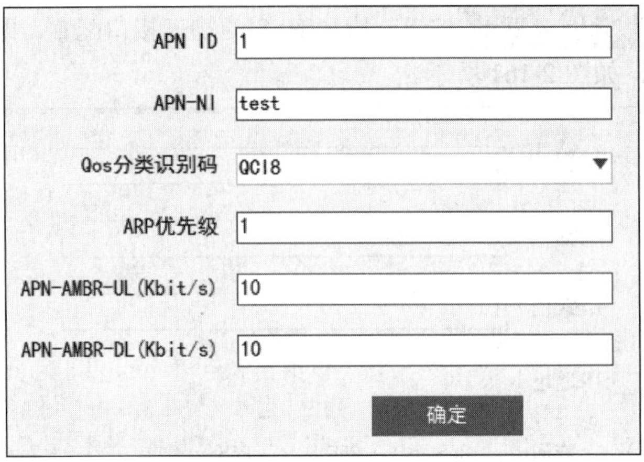

图 2-163

步骤 6：单击 Profile管理 按钮，此处 APN ID 需和前面 APN 管理中的 ID 对应，如图 2-164 所示。

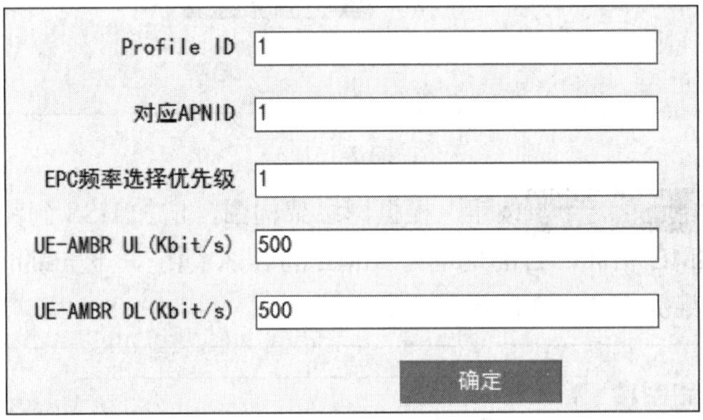

图 2-164

步骤 7：单击 签约用户管理 按钮，填写用户的基本信息。用户信息包括 IMSI 和 MSISDN，Profile ID 号必须和前面配置的 Profile 管理中的 ID 号对应，鉴权信息中 KI 是 32 位 16 进制的数，鉴权算法默认为 Milenage，如图 2-165 所示。

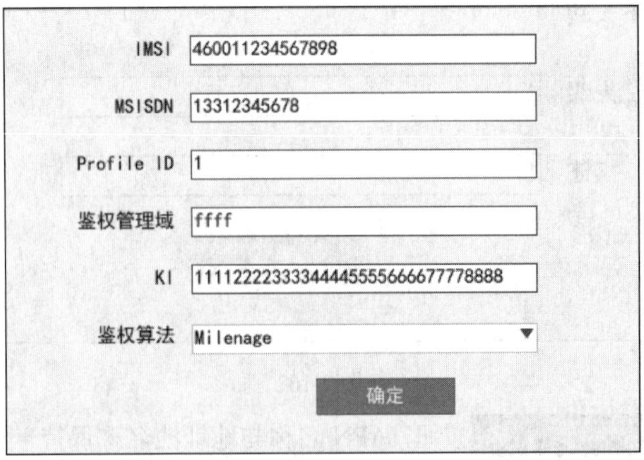

图 2-165

6. 项目总结

HSS 对接数据配置时，需着重注意"Profile ID""对应 APN ID""APN ID"的对应关系。

7. 思考题

在添加用户时可否添加多个用户？

8. 练习题

完成顺津市核心网机房的 HSS 数据配置。

2.3.5 三层交换机配置实验

1. 实验目的

掌握三层交换机的数据规范及配置。

2. 实验任务

完成顺津市核心网机房三层交换机的数据配置。

3. 实验规划

核心网三层交换机数据配置的规划举例如图 2-166 所示。

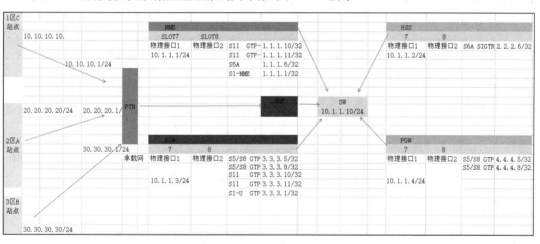

图 2-166

4. 建议时长

本实验建议时长为 8 个课时。

5. 实训步骤

任务：顺津市核心网机房三层交换机的数据配置。

步骤 1：打开 IUV_NB-IoT 软件，单击上方 数据配置 按钮，然后单击软件界面左上方 顺津市核心网机房 ▼ 按钮，进入核心网配置界面，如图 2-167 所示。

图 2-167

步骤 2：单击 SWITCH1 按钮，配置交换机物理接口地址，核心网 MME、SGW、PGW、HSS 的物理接口属于同一个网段，接口的关联 VLAN 必须设为同一个数值或默认为 1，如图 2-168 所示。

物理接口配置					
接口ID	接口状态	光/电	VLAN模式	关联VLAN	接口描述
10GE-1/1	up	光	access	10	to -MME
10GE-1/2	down	光	access	1	
10GE-1/3	down	光	access	1	
10GE-1/4	down	光	access	1	
10GE-1/5	down	光	access	1	
10GE-1/6	down	光	access	1	
40GE-1/7	down	光	access	1	
40GE-1/8	down	光	access	1	
40GE-1/9	down	光	access	1	
40GE-1/10	down	光	access	1	
40GE-1/11	down	光	access	1	
40GE-1/12	down	光	access		
100GE-1/13	up	光	access	10	to -SGW
100GE-1/14	down	光	access	1	
100GE-1/15	up	光	access	10	to -PGW
100GE-1/16	down	光	access	1	
100GE-1/17	down	光	access	1	
100GE-1/18	down	光	access	1	
RJ45-1/19	up	电	access	10	to -HSS
RJ45-1/20	down	电	access	1	
RJ45-1/21	down	电	access	1	

确 定

图 2-168

步骤 3：单击 逻辑接口配置 按钮，依次单击 VLAN三层接口 按钮和 + 按钮，添加一条 VLAN ID 号为 10 的 IP 地址，如图 2-169 所示。

VLAN三层接口

接口ID	接口状态	IP地址	子网掩码	接口描述
VLAN 10	up	10 . 1 . 1 . 10	255 . 255 . 255 . 0	

图 2-169

步骤 4：单击 静态路由配置 按钮，再单击 + 按钮，添加两条去往核心网的路由，一条目的地址为 MME 的 S1-MME 接口地址，下一跳为 MME 的物理接口地址；另一条目的地址为 SGW 的 S1-U 接口地址，下一跳为 SGW 的物理接口地址。配置结果如图 2-170 所示。

静态路由配置

目的地址	子网掩码	下一跳	优先级
1 . 1 . 1 . 1	255 . 255 . 255 . 255	10 . 1 . 1 . 1	1
3 . 3 . 3 . 3	255 . 255 . 255 . 255	10 . 1 . 1 . 3	1

图 2-170

步骤 5：单击 OSPF路由配置 按钮，再单击 OSPF全局配置 按钮，配置 OSPF 并开启静态重分发，如图 2-171 所示。单击 OSPF接口配置 按钮，启用各接口 OSPF 状态，如图 2-172 所示。

全局OSPF状态	启用 ▼
进程号	1
router-id	10 . 1 . 1 . 10
重分发	静态 ⊙
通告缺省路由	○

确定

图 2-171

图 2-172

6. 项目总结

三层交换机配置时，需着重注意连接同网段网元的接口，其 VLAN ID 必须保持一致或者默认为 1。

7. 思考题

核心网的交换机可以是二层吗？当为二层时应该怎么做数据配置？

8. 练习题

完成顺津市核心网机房的 SWITCH2 的数据配置。

2.3.6　无线站点参数配置实验

1. 实验目的

(1) 掌握 BBU 网元的数据配置方式；

(2) 掌握 RRU 网元的数据配置方式；

(3) 掌握 BBU 与其他网元的对接参数和小区参数配置。

2. 实验任务

(1) 完成顺津市无线站点机房 BBU 的数据配置；

(2) 完成顺津市无线站点机房 RRU 的数据配置。

3. 实验规划

BBU 数据配置的规划举例如图 2-173 所示。

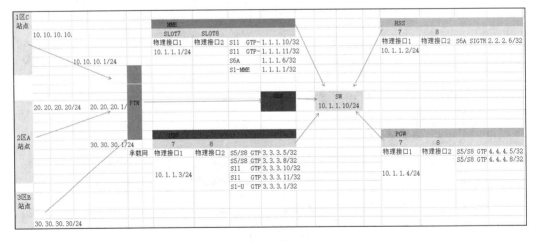

图 2-173

无线站点机房小区参数配置的规划举例如表 2-26 所示。

表 2-26 无线站点机房小区参数配置表

eNodeB 标识	移动国家码 MCC	移动网络号 MNC	RRU 频段 /MHz	小区分类	小区 ID	TAC	PCI	频段	上行载频	下行载频	管理状态	功率 /dBm
1	460	01	1900~2200	小区 1	1	1A1B	1	1	1950	2150	解关断	15.2
				小区 2	2	1A1B	4	1	1950	2150	解关断	32.2
				小区 3	3	1A1B	3	1	1970	2156	解关断	29.2

4. 建议时长

本实验建议时长为 8 个课时。

5. 实训步骤

任务一：顺津市无线站点机房 BBU 的数据配置。

步骤 1：打开 IUV_NB-IoT 软件，单击上方 数据配置 按钮，如图 2-174 所示。

图 2-174

步骤 2：单击软件界面左上方 顺津市1区C站点(无线)机房 按钮，进入无线站点机房配置界面。

步骤 3：单击 BBU 按钮，进入 BBU 数据配置界面，单击 网元管理 按钮，在右边弹出的界面中将数据填写完整，然后单击"确定"按钮，如图 2-175 所示。需要注意的是，NB-IoT 中的无线制式默认为 FDD 制式。

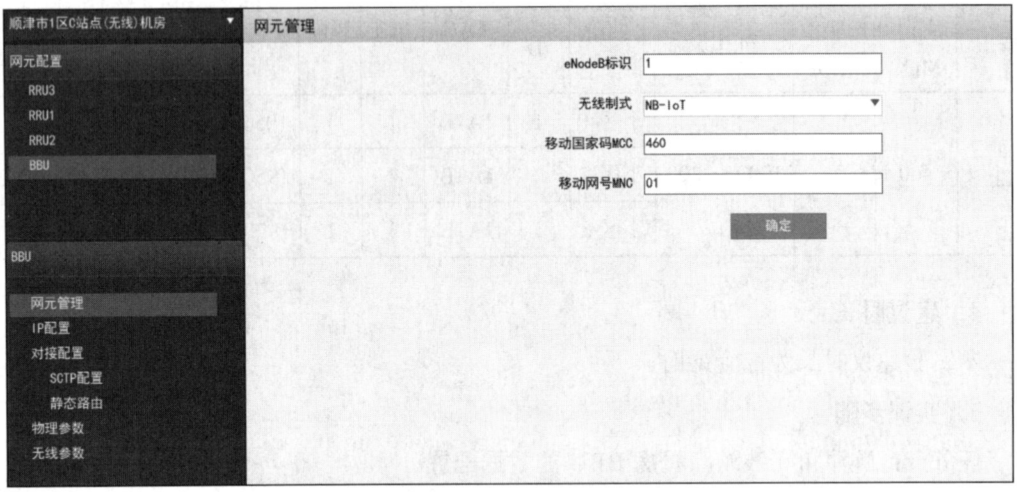

图 2-175

步骤 4：单击 IP配置 按钮，配置 BBU 的 IP 配置，网关地址为连接 BBU 的 PTN 地址，完成后单击"确定"按钮，如图 2-176 所示。

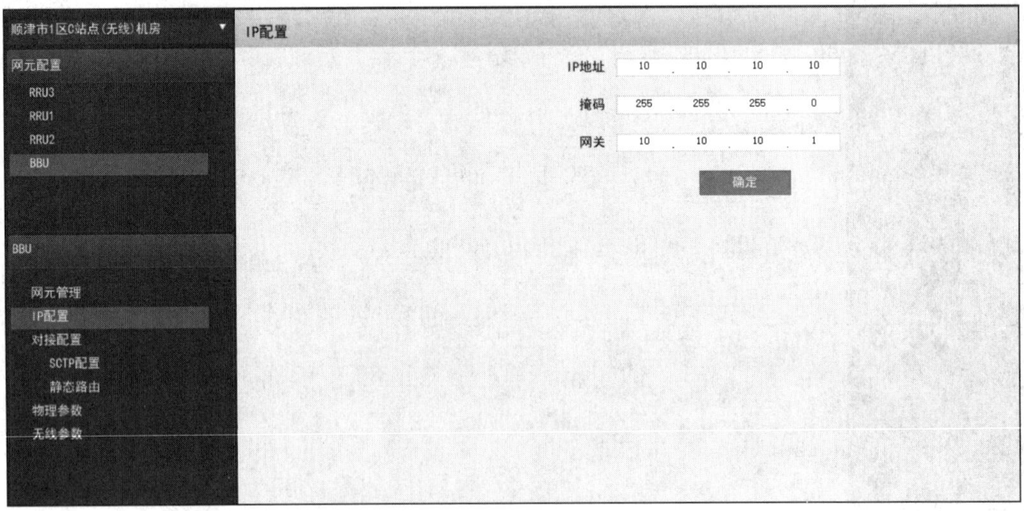

图 2-176

步骤 5：单击 对接配置 按钮，在对接配置中有两条对接参数，SCTP 是与核心网 MME 的对接配置，静态路由是与 SGW 的对接配置。SCTP 配置中，远端 IP 地址是 S1-MME 的地址，如图 2-177 所示。静态路由配置中，目的 IP 地址是 S1-U 的地址，下一跳地址为 BBU 连接的 PTN 地址，如图 2-178 所示。

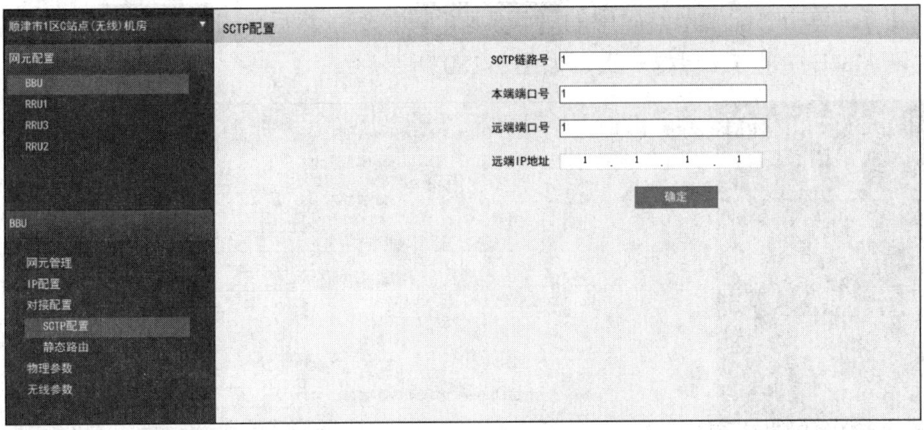

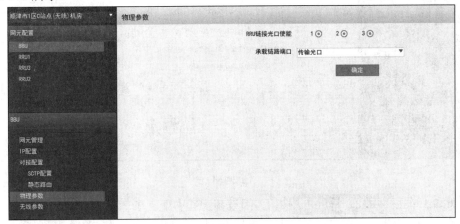

图 2-177

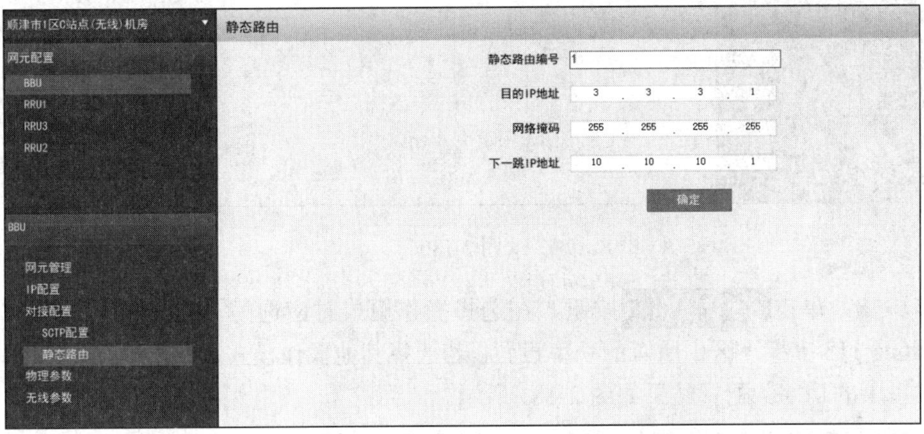

图 2-178

步骤 6：单击 物理参数 按钮，在"物理参数"配置中根据设备连线勾选"RRU 链接光口使能"。在物理连线中采用光纤连接，此处选择"传输光口"(需结合设备连线进行选择，BBU 与 PTN 间采用光纤连接则选择传输光口，采用以太网线连接则选择传输网口)，如图 2-179 所示。

图 2-179

步骤 7：单击"配置节点"中的 无线参数 按钮，然后单击 NB-IoT 按钮，TAC 需和核心网 MME 中的 TA 保持一致，如图 2-180 所示。

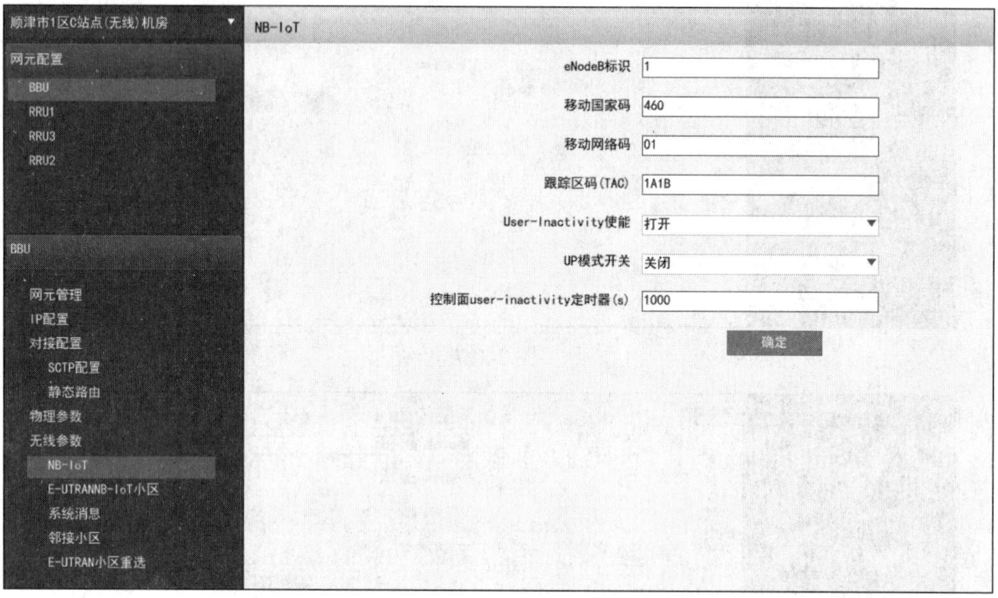

图 2-180

步骤 8：单击 系统消息 按钮，在选择操作模式时应选为"Standalone_r13"。只有 Standalone_r13 支持小区中所有的功率设置。若选择其他操作模式，小区发射功率则只支持 18.2W 以下的功率。配置结果如图 2-181 所示。

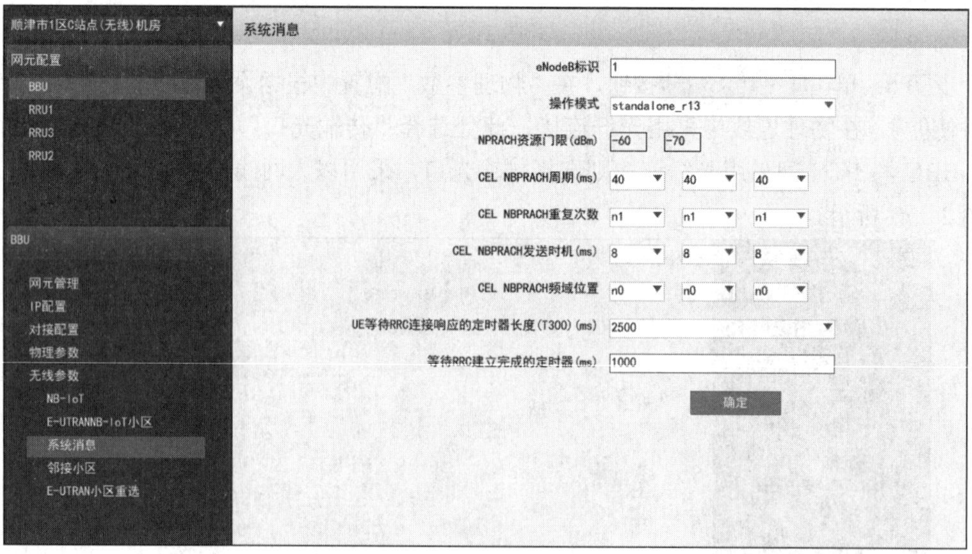

图 2-181

步骤 9：单击 E-UTRANNB-IoT小区 按钮，因设备配置中配置了 3 个 RRU，所以要创建 3 个小区，单击上方的 + 按钮，增加"小区 1"的配置。其中，小区标示 ID 不能重复使用。

TAC 是四位 16 进制数，和 NB-IoT 中的 TAC 保持一致。配置"管理状态"要选为"解关断"。"小区禁止接入状态"选为"允许接入"。配置结果如图 2-182 所示。

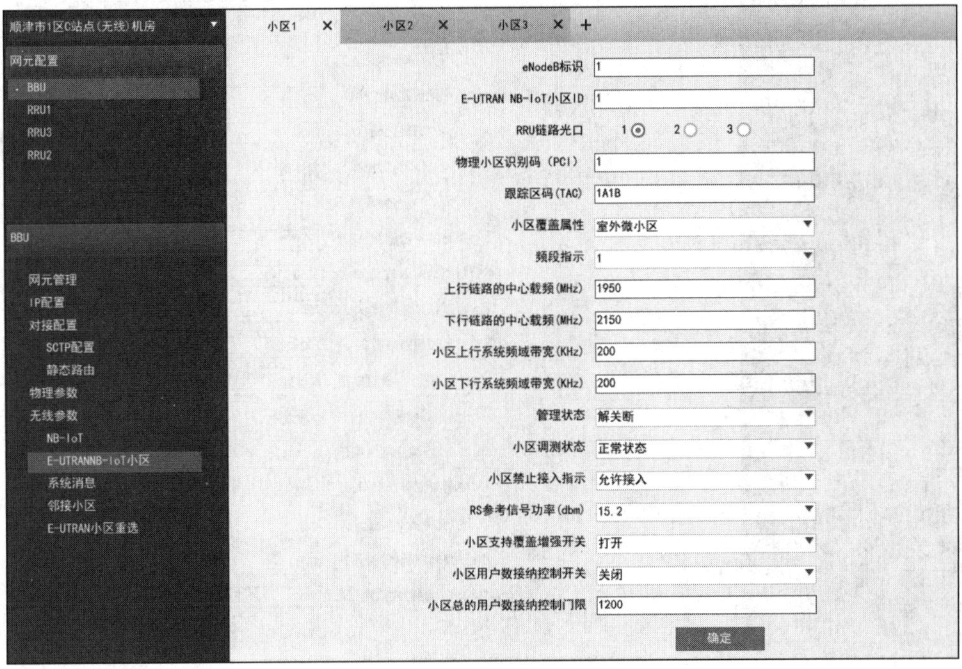

图 2-182

完成小区 1 的配置后，单击右上角 复制配置 按钮，修改其中各小区间的差异参数，继续完成小区 2 和小区 3 的配置。配置结果如图 2-183、图 2-184 所示。

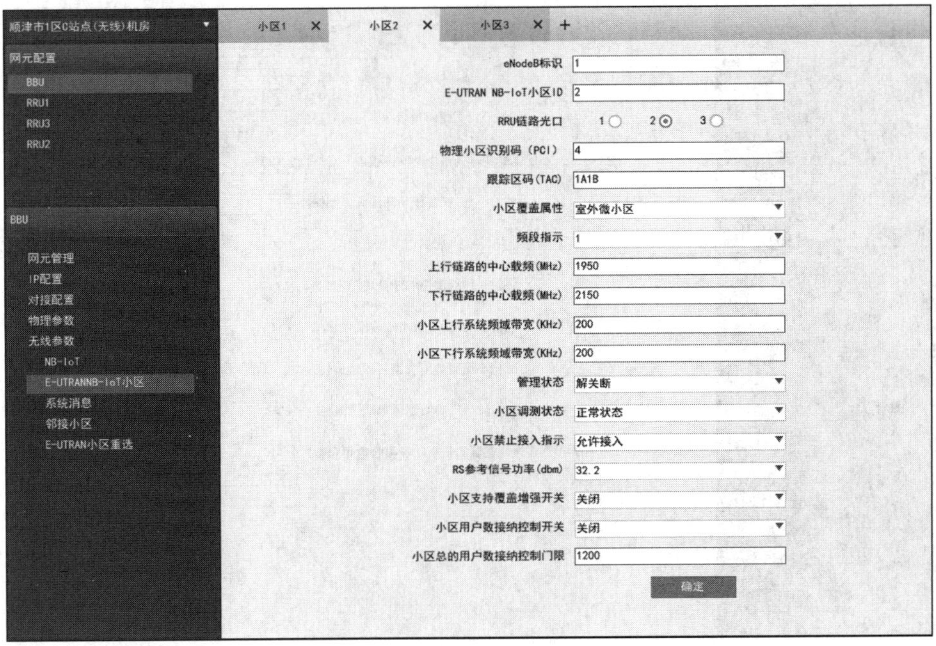

图 2-183

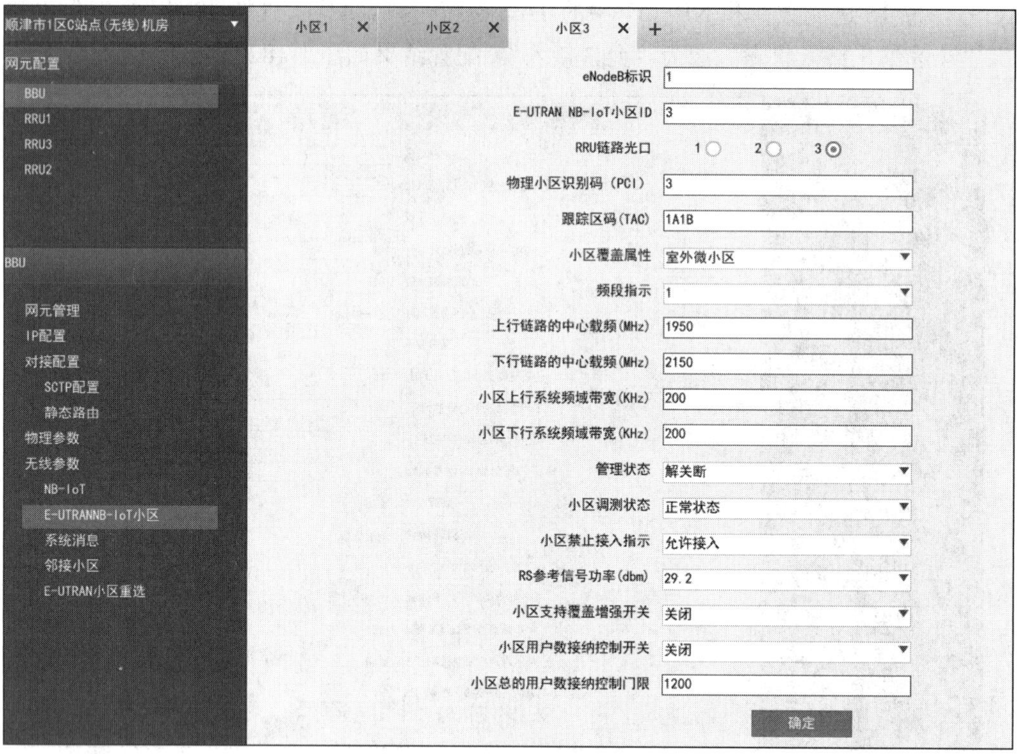

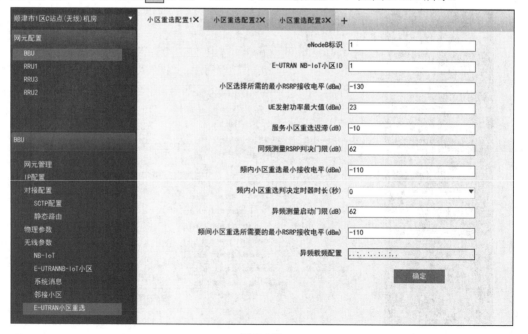

图 2-184

步骤 10：单击 E-UTRAN小区重选 按钮，完成三个小区的参数配置后，需为每个小区配置小区重选参数，单击上方的 + 按钮，增加"小区重选配置 1"，如图 2-185 所示。

图 2-185

单击右上方 复制配置 按钮，完成“小区重选配置 2”和“小区重选配置 3”。配置结果如图 2-186、图 2-187 所示。

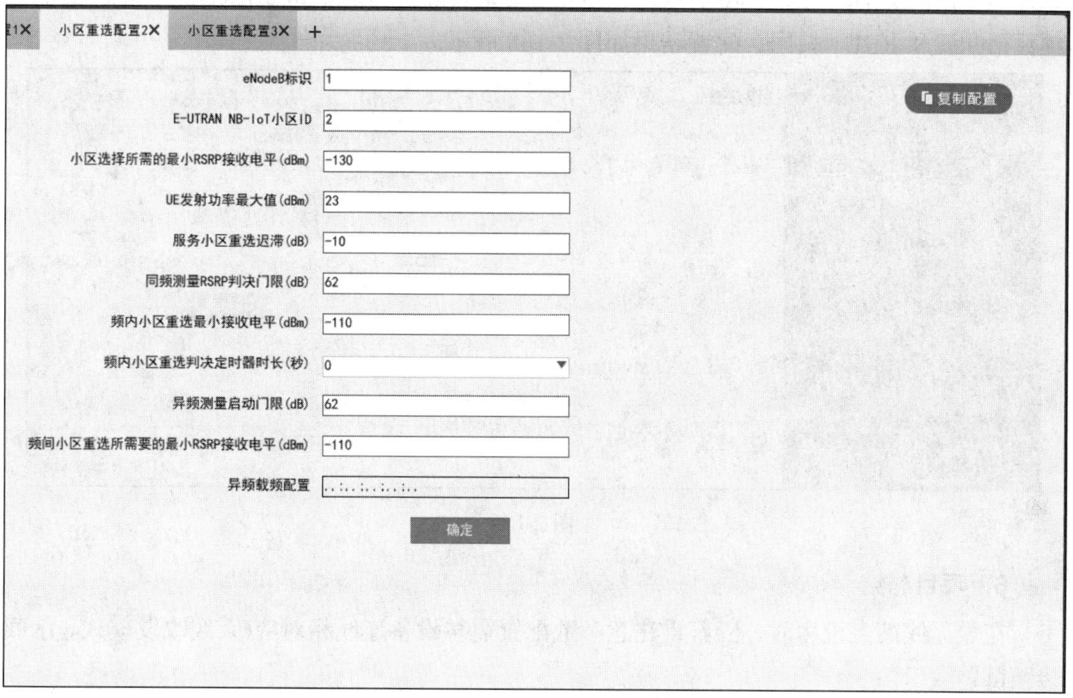

图 2-186

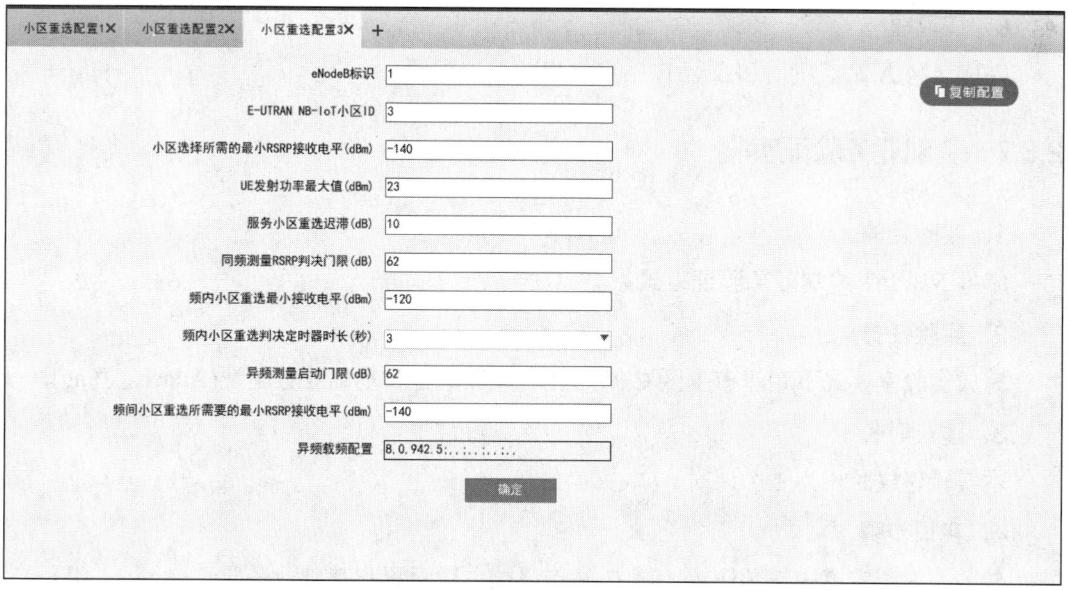

图 2-187

任务二：顺津市无线站点机房 RRU 的数据配置。

步骤：单击 [RRU1] 按钮，完成 RRU1 射频数据配置。"支持频段范围"需包括小区配置中使用的频段。"RRU 收发模式"要和实际的设备连线相对应。RRU2 和 RRU3 的射频数据配置和 RRU1 相同。配置结果如图 2-188 所示。

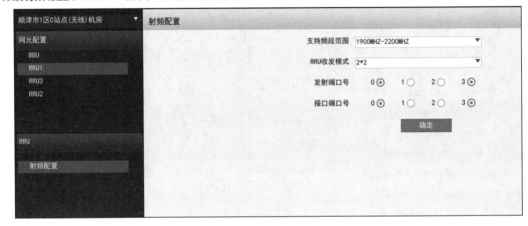

图 2-188

6. 项目总结

在做无线站点机房时，应着重注意参数配置需与设备连线相对应(天线收发模式、承载传输链路端口)。

7. 思考题

在配置NB-IoT无线参数的小区参数时，小区覆盖增强开关有什么作用？原理是什么？

8. 练习题

完成 2 区 A 站点机房和 3 区 B 站点机房的数据配置。

2.3.7 基础业务验证实验

1. 实验目的

掌握 NB-IoT 终端业务验证方式。

2. 实验任务

完成实验室模式下顺津市 1 区 C 站点终端参数配置和基础业务验证(Attach、Ping)。

3. 建议时长

本实验建议时长为 1 个课时。

4. 实训步骤

任务：实验室模式下顺津市 1 区 C 站点终端参数配置和基础业务验证(Attach、Ping)。

步骤 1：打开 IUV_NB-IoT 软件，单击上方 [业务调试] 按钮，如图 2-189 所示。

图 2-189

步骤 2：将鼠标放置在验证模式切换选项处，在下拉列表中选择"实验模式"(原本即为"实验模式"则可忽略本步骤)，如图 2-190 所示。

图 2-190

步骤 3：单击 按钮，在出现的软件界面中选择"终端配置"，根据核心网 HSS 的参数配置，如图 2-191 所示。依次填入对应的参数，如图 2-192 所示。

图 2-191

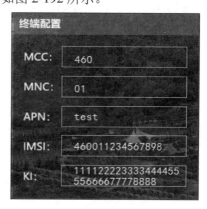

图 2-192

步骤 4：将鼠标放到终端设备上并按住拖动至 C1 小区区域内进行拨测业务验证，单击 Attach测试 按钮，Attach 测试成功后，单击 Ping测试 按钮，观察相应测试结果。同理完成 C2 与 C3 的业务验证。验证结果如图 2-193 所示。

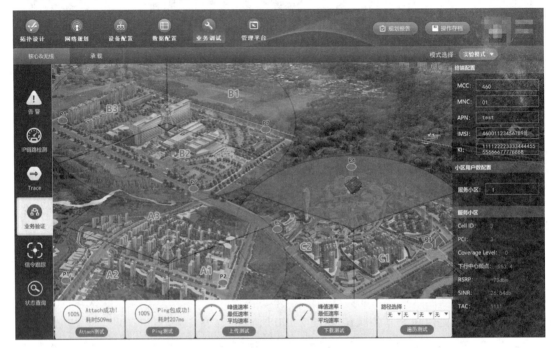

图 2-193

5．项目总结

在实验模式下进行业务拨测验证，终端配置参数一定要和核心网 HSS 中的参数一致。

6．思考题

Attach 测试成功后，Ping 测试一定会成功吗？请表明观点并简述理由。

7．练习题

完成 2 区 A 站点小区和 3 区 B 站点小区的业务验证。

第 3 章 实 战 进 阶

本章在第 2 章数据的基础上，结合 IUV_NB-IoT 软件，增加承载网设备与参数配置实验，以顺津市 1 区 C 站点为例，讲解 NB-IoT 网络工程建设中链路排障和网络优化的操作步骤与方法，完成相关模块的操作教学，帮助学生完成实战综合实训和实战优化相关实验。

1．实战综合实训

(1) 完成承载网典型配置实验。

(2) 在工程模式下，完成顺津市 1 区 C 站点覆盖区域内终端基础业务验证。验证包括终端 Attach、Ping、上传、下载和遍历(小区重选)测试。

(3) 通过一个故障排除案例，协助学生掌握窄带蜂窝物联网全网典型故障的排查与处理方式。

2．实战优化实训

(1) 在竞技模式下，根据赛项要求，完成指定的网络优化。

(2) 在工程模式或竞技模式下，当全网网络环境配置完成后，结合软件进行终端管理平台的配置与操作，实现远程对物联网终端的监测与管理。

本章知识架构如图 3-1 所示。

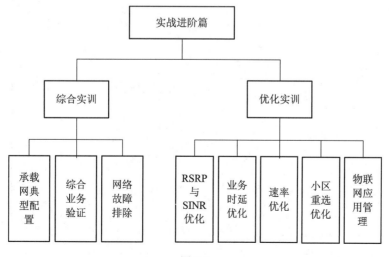

图 3-1

3.1　实战综合实训

本节包括 3 个实验,分别介绍承载网设备典型的部署与配置、综合业务验证和典型故障处理的思路与步骤。

3.1.1　承载网典型配置实验

1. 实验目的

(1) 掌握承载网设备部署与线缆连接;

(2) 掌握承载网典型设备数据配置方式。

2. 实验任务

(1) 完成顺津市承载网设备安装与线缆连接;

(2) 完成顺津市承载网典型设备参数配置。

3. 实验规划

本实验以顺津市承载中心机房为例,讲解承载网典型设备的安装配置方式。承载网典型设备主要包括 PTN、RT 及 OTN 设备。该机房设备配置如图 3-2 所示。在本次实验中 PTN1 与 RT2 作用完全一致,放置两个设备仅为讲解不同设备间配置方式的差异,实际组网中此处放置两个设备的主要作用是进行链路与设备的冗余。

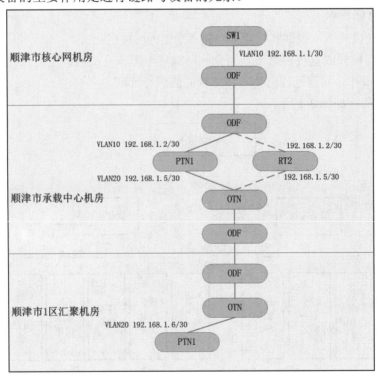

图 3-2

4．建议时长

本实验建议时长为 8 个课时。

5．实训步骤

任务一：顺津市承载网设备安装与线缆连接。

步骤 1：打开 IUV_NB-IoT 软件，单击最上方的 设备配置 按钮，如图 3-3 所示。

图 3-3

步骤 2：在图中找出并单击承载中心机房对应的提示气泡，进入该机房主界面，如图 3-4 所示。在该机房内，共有 4 个可操作性机柜(鼠标移动至机柜处即可出现高亮提示)，从左至右分别为两个 IP 承载设备机柜(可供放置 PTN 或 RT 设备)、一个光传输网设备机柜(可供放置 OTN 设备)和一个 ODF 配线架(主要负责完成机房与机房间线缆的规划连接)。

图 3-4

步骤 3：单击最左侧的 IP 承载设备机柜，进入该机柜设备配置视图，如图 3-5 所示。主界面为对应机柜视图，右下角为设备资源池，提供多种型号的 PTN 与 RT 供选择使用。

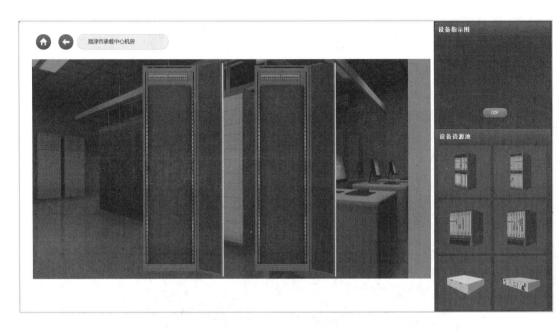

图 3-5

步骤 4：在设备资源池中选择大型 PTN，按住鼠标左键拖动该设备至左侧机柜提示红框内，完成 PTN 设备的安装，同理可在右侧机柜放置一台大型 RT 设备，如图 3-6 所示。

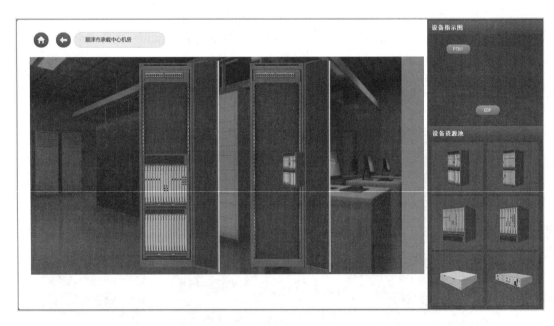

图 3-6

步骤 5：单击左上角 按钮，返回至机房主界面，选择并单击中间的光传输网设备机柜，进入该机柜设备配置界面，按照步骤 4 的操作方式，为该机柜放置一台大型 OTN 设备，如图 3-7 所示。

图 3-7

步骤 6：单击右上角设备示意图中的 PTN 网元，进入 PTN 线缆配置界面，如图 3-8 所示。主界面为 PTN 设备硬件结构及接口分布仿真图，右下角为线缆池，提供多种线缆供设备间连接选用。

图 3-8

步骤 7：在线缆池中找到并单击"成对 LC-FC 光纤"按钮，再单击主界面中 PTN 的第一槽位板卡上的 100GE 接口，完成该光纤 PTN 侧连接，如图 3-9 所示。

图 3-9

步骤 8：单击设备示意图中的 ODF 配线架，进入 ODF 配线架视图界面，找到并单击对端为"核心网机房端口 1"的接口，完成该光纤 ODF 侧连接，最终实现 PTN 与 ODF 设备的连接，如图 3-10 所示。

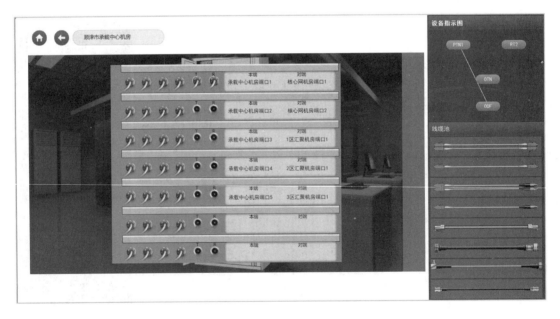

图 3-10

步骤 9：单击设备示意图中的 PTN 设备，在线缆池中选中并单击"成对 LC-LC 光纤"按钮，再单击 PTN 设备第二槽位单板的 100GE 接口，完成该侧线缆连接，如图 3-11 所示。

图 3-11

步骤 10：单击设备示意图中的 OTN 设备，进入 OTN 设备视图界面，如图 3-12 所示。主界面为部分 OTN 设备视图，将鼠标放置上下滚动指示处可进行设备视图的上下移动。

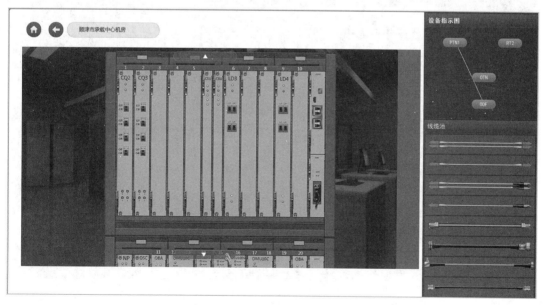

图 3-12

步骤 11：将鼠标放置在向下滚动指示处，将设备视图向下移动，直至该设备第二层板卡显示在主界面内，之后找到并单击该设备 16 号槽位 OTU100GE 单板的 C1T/C1R 接口，完成 PTN 与 OTN 设备的连接，如图 3-13 所示。

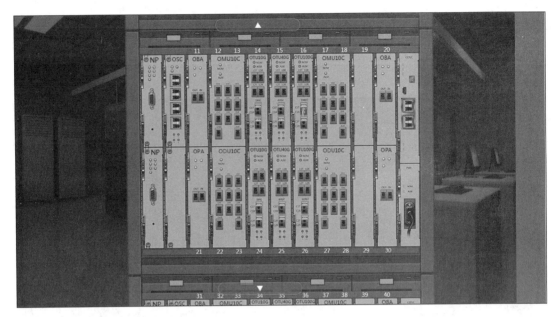

图 3-13

步骤 12：在线缆池中找到并单击"LC–LC 光纤"按钮，之后单击 OTN 设备 16 号槽位 OTU100GE 单板的 L1T 口，再单击该设备 12 号槽位 OMU 单板的 CH1 接口，完成 OTU 与 OMU 单板间的连接，如图 3-14 所示。

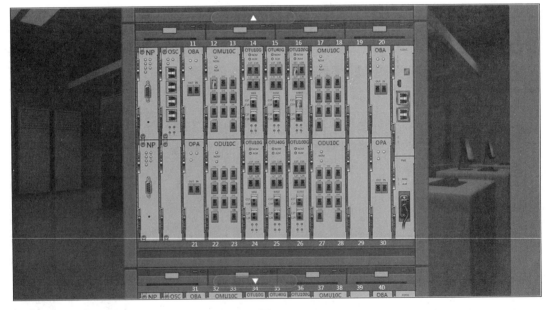

图 3-14

步骤 13：在线缆池中找到并单击"LC–LC 光纤"按钮，之后单击 OTN 设备 12 号槽位 OMU 单板的 OUT 口，再单击该设备 11 号槽位 OBA 单板的 IN 接口，完成 OMU 与 OBA 单板间的连接，如图 3-15 所示。

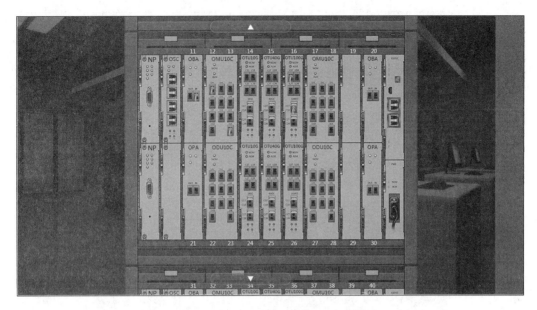

图 3-15

步骤 14：在线缆池中找到并单击 "LC-FC 光纤" 按钮，之后单击 OTN 设备 11 号槽位 OBA 单板的 OUT 口，再单击设备指示图中的 ODF 配线架，之后单击 ODF 配线架 3T 接口，如图 3-16、图 3-17 所示。

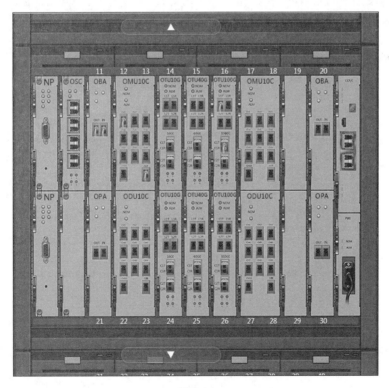

图 3-16

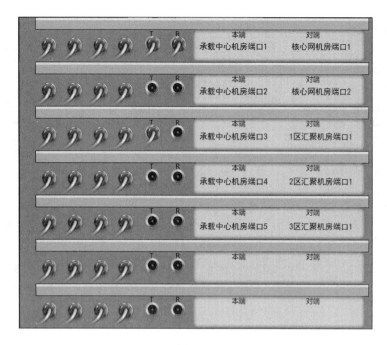

图 3-17

步骤 15：在线缆池中找到并单击"LC-FC 光纤"按钮，之后单击 ODF 架 3R 接口，再单击设备指示图中的 OTN 设备，找到并单击该设备 21 号槽位 OPA 单板的 IN 口，完成 OTN 与 ODF 架间的线缆连接，如图 3-18、图 3-19 所示。

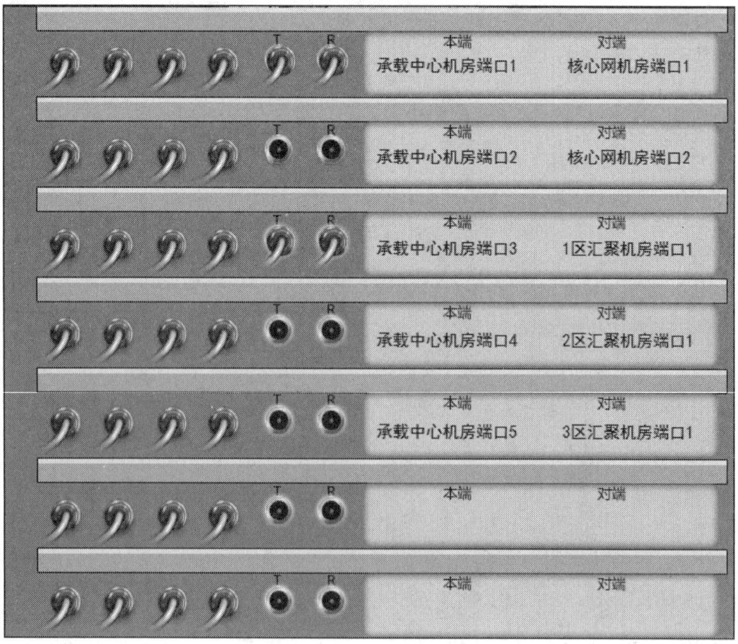

图 3-18

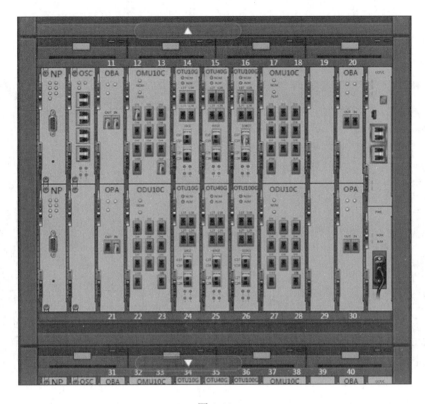

图 3-19

步骤 16：在线缆池中找到并单击"LC-LC 光纤"按钮，之后单击该设备 21 号槽位 OPA 单板的 OUT 口，再单击 22 号槽位 ODU 单板的 IN 口，完成 OPA 与 ODU 间的线缆连接，如图 3-20 所示。

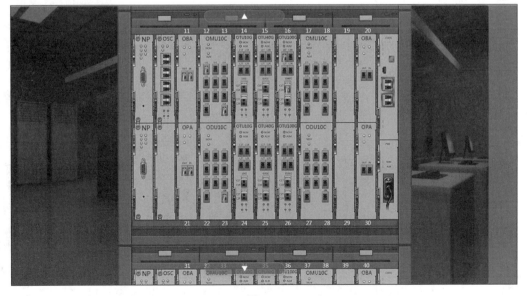

图 3-20

步骤 17：在线缆池中找到并单击"LC-LC 光纤"按钮，之后单击该设备 22 号槽位 ODU 单板的 CH1 口，再单击 16 号槽位 OTU100GE 单板的 L1R 口，完成 ODU 与 OTU 间的线缆连接，如图 3-21 所示。

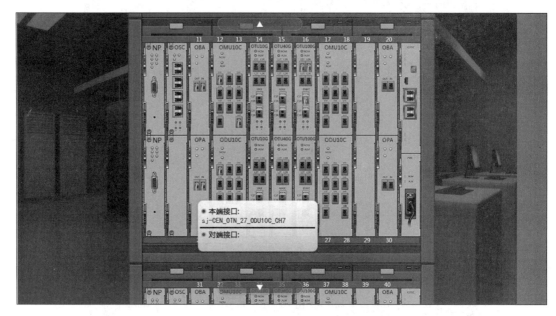

图 3-21

步骤 18：按照上述步骤即可完成该机房 ODF、PTN、OTN 间的线缆连接。在不使用 PTN 而使用 RT 时，连线过程完全一致，仅需将 PTN 第一槽位接口和第二槽位接口分别替换为 RT 的第一槽位与第二槽位即可，如图 3-22 所示。

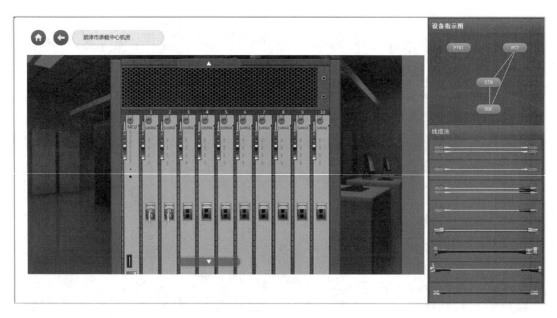

图 3-22

任务二：顺津市承载网典型设备参数配置。

步骤 1：打开 IUV_NB-IoT 软件，单击最上方的 [数据配置] 按钮，如图 3-23 所示。

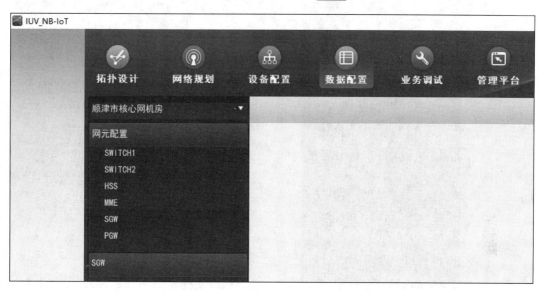

图 3-23

步骤 2：单击左上方机房选择下拉菜单，在下拉菜单中找到并单击"顺津市承载中心机房"按钮，进入该机房设备配置界面，如图 3-24 所示。在界面左上区域显示为该机房所有已部署网元设备。

图 3-24

步骤 3：单击网元配置中的"PTN1"按钮，出现 PTN 设备参数配置界面，在左下区域显示为 PTN 参数配置导航，单击其中的物理接口配置，进入该设备物理接口配置界面，如图 3-25 所示。

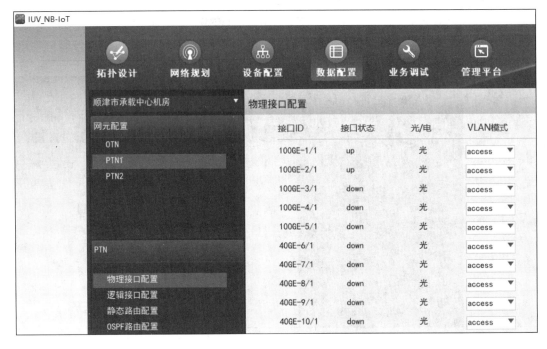

图 3-25

步骤 4：按照数据规划与设备连线情况，完成对该设备接口的 VLAN 划分，配置完成后单击"确定"按钮完成数据保存，如图 3-26 所示。

图 3-26

步骤 5：单击左侧的"逻辑接口配置"按钮，选择其中的"VLAN 三层接口"，在主界面单击 ▬▬▬ 按钮，新增 VLAN 参数配置行，结合 IP 地址规划网完成各 VLAN 的 IP 地址配置，之后单击"确认"按钮进行数据保存，如图 3-27 所示。

VLAN三层接口				
接口ID	接口状态	IP地址	子网掩码	接口描述
VLAN 10	up	192 168 1 2	255 255 255 252	核心网机房	▬
VLAN 20	up	192 168 1 5	255 255 255 252	1区汇聚机房	▬
					+

图 3-27

步骤 6：单击左侧"逻辑接口配置"中的"loopback 接口"按钮，在主界面单击 ▮ + ▮ 按钮，新增 loopback 参数配置行，根据 IP 地址规划，为本设备配置自身环回地址(与已有规划中的任意 IP 不冲突即可，仅作为本设备的标识使用，不具有任何数据交换的作用)，此处使用地址 IP 为 11.11.11.11/32，参数配置后单击"确认"按钮，如图 3-28 所示。

图 3-28

步骤 7：单击左侧的"OSPF 路由配置"按钮，在子菜单中选择"OSPF 全局配置"，在主界面中启用 OSPF 协议，并设置进程号为 1，route-id 使用 loopback 地址，配置完成后，单击"确认"按钮进行数据保存，如图 3-29 所示。

图 3-29

步骤 8：单击左侧的"OSPF 接口配置"按钮，在主界面中，为每个接口启用 OSPF 协议。配置结果如图 3-30 所示。

图 3-30

步骤 9：单击网元配置中的 OTN 设备，在下方参数配置选项中选择"频率配置"，在主界面中单击 ▮ + ▮ 按钮，根据设备线缆连接情况，选择 OTU100GE 单板，槽位为 16，接口为 L1T，频率选择为 CH1—192.1THz。配置完成界面如图 3-31 所示。

图 3-31

步骤 10：若此机房选择为 RT 设备，其与 PTN 设备配置差异仅在步骤 3 至步骤 5。在 RT 配置中，不需要进行 VLAN 划分，可直接进行接口的 IP 地址配置，单击"RT"按钮，选择"物理接口配置"，根据 IP 规划与连线情况进行配置。接口 IP 地址配置如图 3-32 所示。后续配置与 PTN 设备配置一致，在此不做赘述。

物理接口配置						
接口ID	接口状态	光/电	IP地址		子网掩码	接口描述
100GE-1/1	up	光	192 168 1 2		255 255 255 252	核心网机房
100GE-2/1	up	光	192 168 1 5		255 255 255 252	1区汇聚机房

图 3-32

6．项目总结

在承载网配置过程中，应注意硬件配置与数据配置的关联。同样的 IP 地址规划，根据连线的不同，其 VLAN 的划分、IP 地址的配置也不尽相同。

7．思考题

(1) 在承载网中 PTN 设备配置 VLAN 时，不同的 VLAN 模式的区别是什么？

(2) OSPF 配置中，是否每个设备的所有接口均需要启用 OSPF 协议？理由是什么？

8．练习题

按照典型承载网设备配置方式，合理规划顺津市核心网至顺津市 1 区 C 站点机房间的承载链路并完成对应配置。

3.1.2 综合业务验证实验

1．实验目的

掌握 NB-IoT 终端业务验证方式。

2．实验任务

(1) 完成工程模式下顺津市 1 区 C 站点 Attach、Ping、上传、下载业务验证；

(2) 完成工程模式下顺津市 1 区 C 站点 C2 与 C3 小区(P5 到 P4)重选业务验证。

3．建议时长

本实验建议时长为 1 个课时。

4．实训步骤

任务一：工程模式下顺津市 1 区 C 站点 Attach、Ping、上传、下载业务验证。

步骤 1：打开 IUV_NB-IoT 软件，单击上方 按钮，如图 3-33 所示。

图 3-33

步骤 2：将鼠标放置在验证模式切换选项处，在下拉列表中选择工程模式，如图 3-34 所示。

图 3-34

步骤 3：将鼠标放置在终端设备上并按住拖动至 C1 小区区域内进行拨测业务验证，单击 Attach测试 按钮，Attach 测试成功后，单击 Ping测试 按钮，Ping 测试成功后，再单击 上传测试 按钮和 下载测试 按钮。同理，完成 C2 与 C3 的业务验证。业务验证界面如图 3-35 所示。

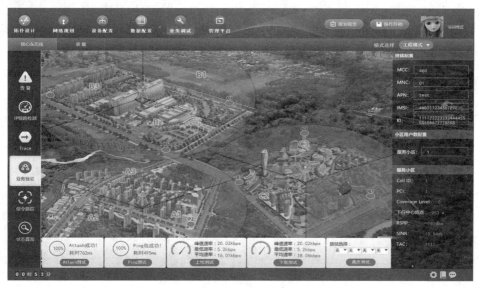

图 3-35

任务二：工程模式下顺津市 1 区 C 站点 C2 与 C3 小区(P4 到 P5)重选业务验证。

步骤 1：将测试终端拖动至 C2 与 C3 小区进行拨测业务验证，保证终端在两个小区业务正常。完成结果如图 3-36、图 3-37 所示。

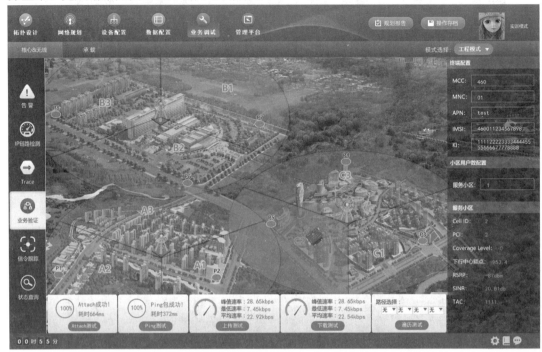

图 3-36

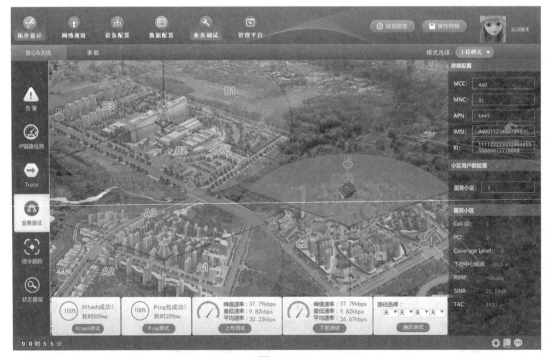

图 3-37

步骤 2：选择 P4 到 P5 路径，单击"遍历测试"按钮。若终端停留在 C3 与 C2 小区交界处，未能成功到达指定的 P5 点，则小区重选失败。可以多次点击"遍历测试"按钮进行尝试，直至遍历成功，如图 3-38 所示。后续章节会介绍遍历成功率优化的方法。

图 3-38

5. 项目总结

工程模式下业务验证需优先完成对应链路承载网络配置，且正确配置承载网与核心网、无线网的对接配置。

6. 思考题

小区用户数配置时，在一个小区内配置 1 个终端或 1000 个终端会影响终端业务验证的结果吗？如果会，请简述影响参数。

7. 练习题

完成 2 区 A 站点小区和 3 区 B 站点小区的业务验证。

3.1.3 网络故障排除实验

1. 实验目的

(1) 掌握实验模式下 NB-IoT 故障排除；

(2) 掌握常用故障排除工具的使用方法。

2．实验任务

在实验模式下完成 C1、C2、C3 三个小区的业务验证以及小区重选(以 1 区 C 站点机房为例)。

3．实验规划

本案例的数据规划举例如图 3-39 所示。无线站点机房小区参数配置如表 3-1 所示。

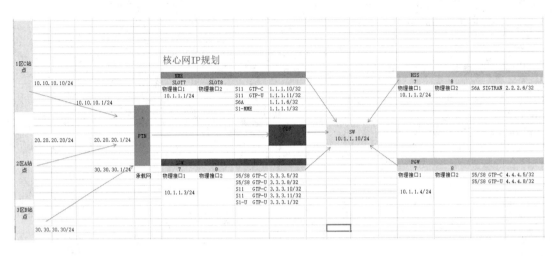

图 3-39

表 3-1　无线站点机房小区参数配置表

eNodeB 标识	移动国家码 MCC	移动网络号 MNC	RRU 频段 /MHz	小区分类	小区 ID	TAC	PCI	频段	上行载频	下行载频	管理状态	功率 /dBm
1	460	01	1900～2200	小区 1	1	1A1B	1	1	1950	2150	解关断	15.2
				小区 2	2	1A1B	4	1	1950	2150	解关断	32.2
				小区 3	3	1A1B	3	1	1970	2156	解关断	29.2

4．建议时长

本实验建议时长为 2 个课时。

5．实训步骤

任务：在实验模式下 C1、C2、C3 三个小区的业务验证以及小区重选(以 1 区 C 站点机房为例)。

步骤 1：打开 IUV_NB-IoT 软件，单击最上方的 按钮，如图 3-40 所示。

图 3-40

步骤 2：单击 业务调试 按钮，再单击 实验模式 ▼ 按钮，将终端拖动至 C1 小区，之后单击 "Attach 测试" 按钮，此时出现失败提示，如图 3-41 所示。这证明网络中存在故障，单击左侧 告警 按钮，可以根据当前告警来排除故障，如图 3-42 所示。

图 3-41

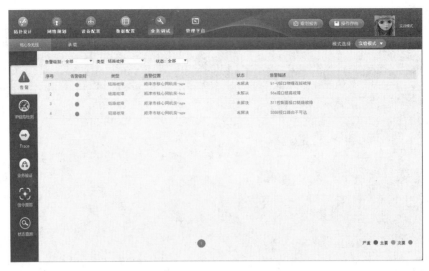

图 3-42

步骤 3：根据当前告警提示，如果出现物理连接故障则首先查看设备配置，出现业务或接口链路故障需要查看数据配置。在本实验中，第一条告警为 S1-U 物理接口连接故障，此处的告警位置可定位到故障所在的机房。

单击 **设备配置** 按钮，选择"顺津市核心网机房"，单击"SGW"按钮，将鼠标放置在连接线缆的端口上，此时会显示本端口为 SGW_7_1×100_1，对端连接的接口为 SWITCH_1_SWITCH_5。因为 SGW 的接口速率为 100GE，连接交换机的接口使用的速率为 10GE，鼠标左键单击 SGW 的 1 号端口拖动线缆，会出现删除提示，单击"确定"按钮即可，之后重新在设备资源池中选择 LC-LC 的光纤连接 SGW_7_1 × 100_1 端口和 SWITCH_1_SWITCH_13 接口，如图 3-43、图 3-44 所示。

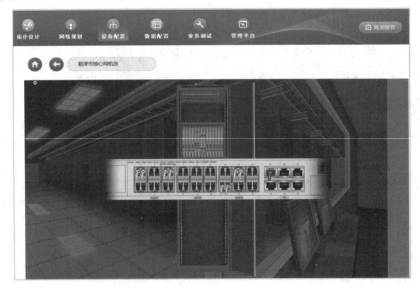

图 3-43

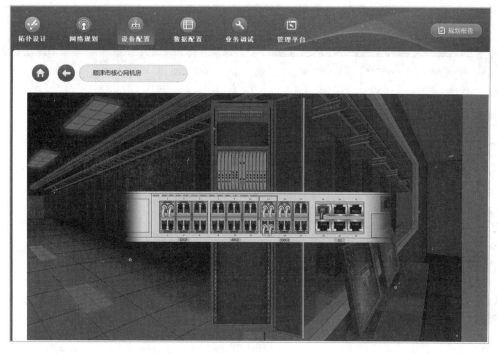

图 3-44

单击 业务调试 按钮，再单击左侧 告警 按钮，此时 S1-U 接口物理连接故障已排除。因为
SGW 与 MME、PGW 有对接关系，SGW 物理连接出现告警也会引起其他接口链路故障，
如图 3-45、图 3-46 所示。

图 3-45

图 3-46

步骤 4：图 3-46 提示的第一条告警信息为数据配置中的问题，S6a 接口链路故障是 MME 网元与 HSS 网元的对接参数未对应导致的，选择"顺津市核心网机房"，单击 "MME"按钮，选择与 HSS 对接配置参数，如图 3-47 所示。之后单击"HSS"按钮，选择与 MME 对接配置参数，如图 3-48 所示。

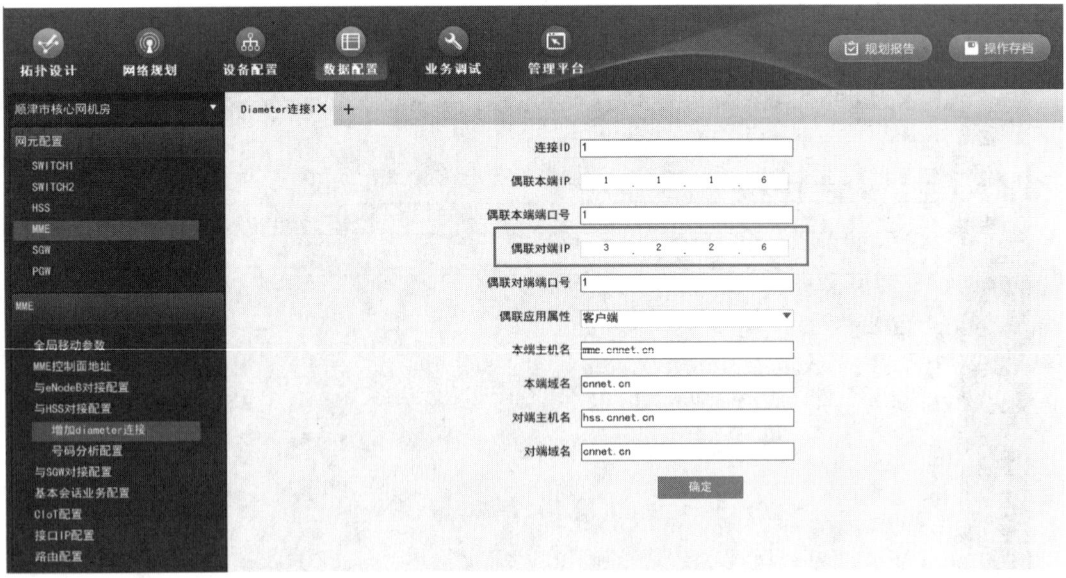

图 3-47

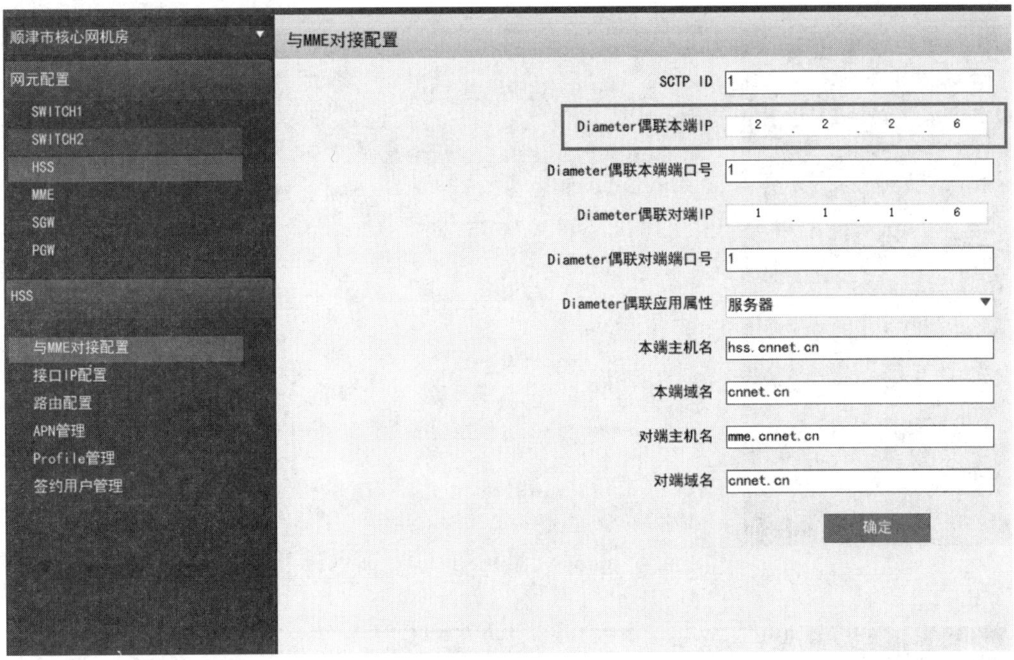

图 3-48

此时 MME 网元中的对端 IP 地址与 HSS 网元中的本端 IP 地址不一致，修改一端即可。在参数修改时要以最小改动为原则，并且需要查看 MME 网元与 HSS 网元中配置去对方的路由，单击"MME"网元中的"路由配置"按钮，单击"HSS"按钮选择路由，如图 3-49、图 3-50 所示。依据地址规划可知，去 HSS 的路由目的地址和 HSS 网元的本端 IP 地址一致，修改 HSS 网元中的本端 IP 地址不是最小改动，只需修改 MME 网元中的对端 IP 地址即可，如图 3-51 所示。

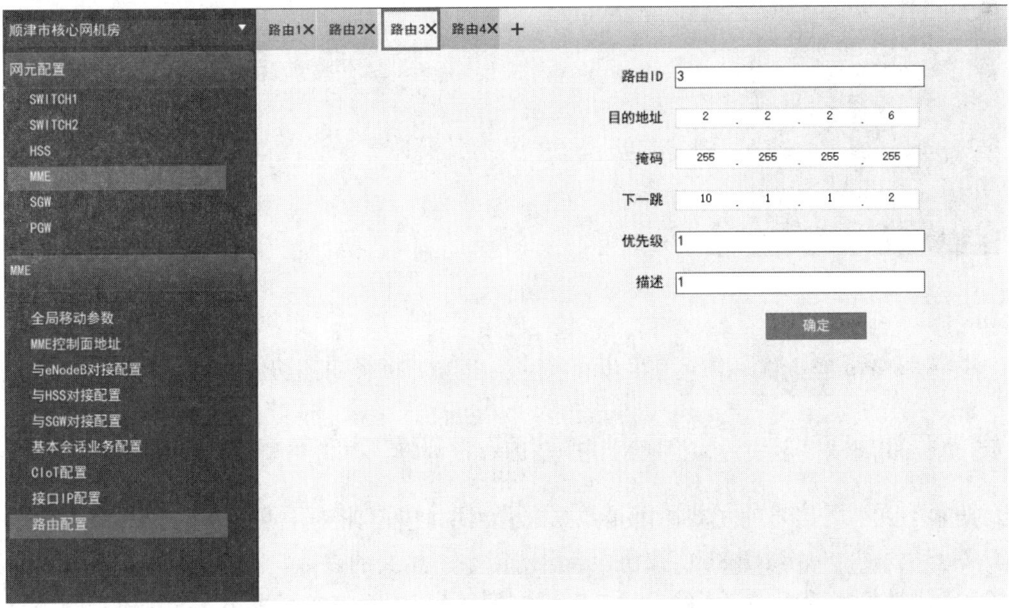

图 3-49

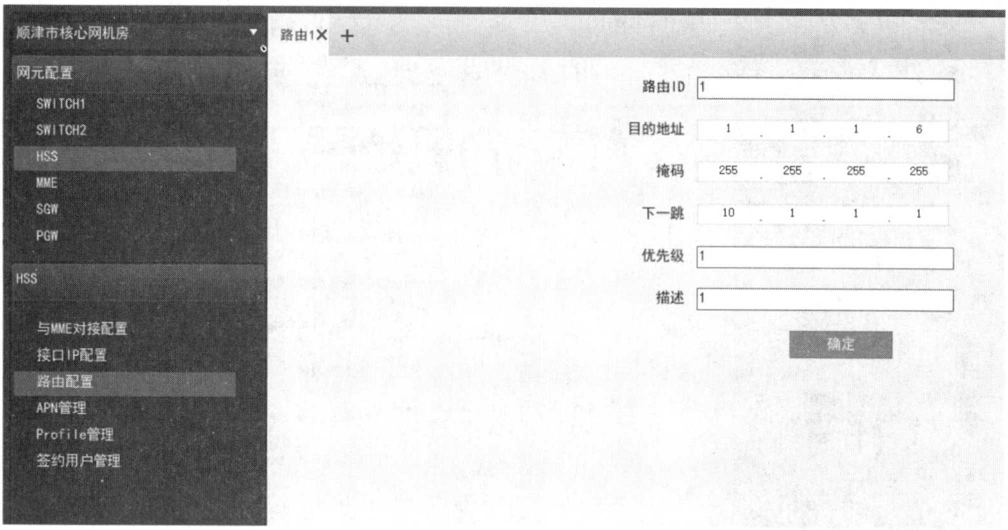

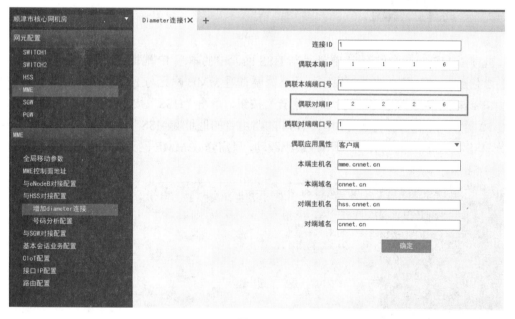

图 3-50

图 3-51

步骤 5：单击 [业务调试] 按钮，再单击左侧 [业务验证] 按钮，将终端拖动位置刷新数据，如图 3-52 所示。Attach 测试提示失败，说明网络中依旧存在故障，单击左侧 [告警] 按钮，如图 3-53 所示。搜索不到小区信号的主要原因是数据配置出现问题，根据告警位置，选择"顺津市 1 区 C 站点机房"，单击"BBU"按钮，查看对应小区相关的参数。例如 eNodeB 标识与小区中的 eNodeB 标识未对应，无线射频 RRU 中的频段范围没有包括进小区的频段范围等一系

列问题会引起搜索不到小区信号的情况。单击"无线参数"按钮，再单击"网元管理"按钮查看 eNodeB 标识，如图 3-54 所示。之后单击"NB-IoT"按钮，如图 3-55 所示。此时，图 3-54 与图 3-55 中的 eNodeB 标识不一致，暂时先不做修改，还需查看"E-UTRAN-IoT 小区"中的 eNodeB 标识，如图 3-56 所示。由图可知，只能修改"NB-IoT"中的 eNodeB 标识，如图 3-57 所示。

图 3-52

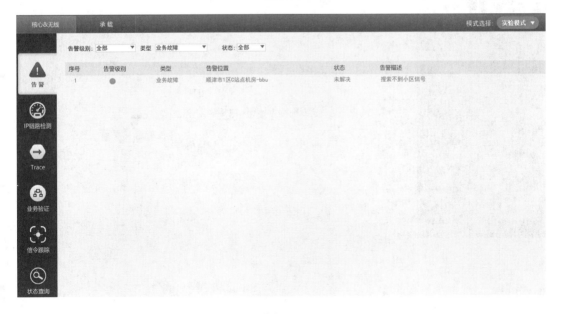

图 3-53

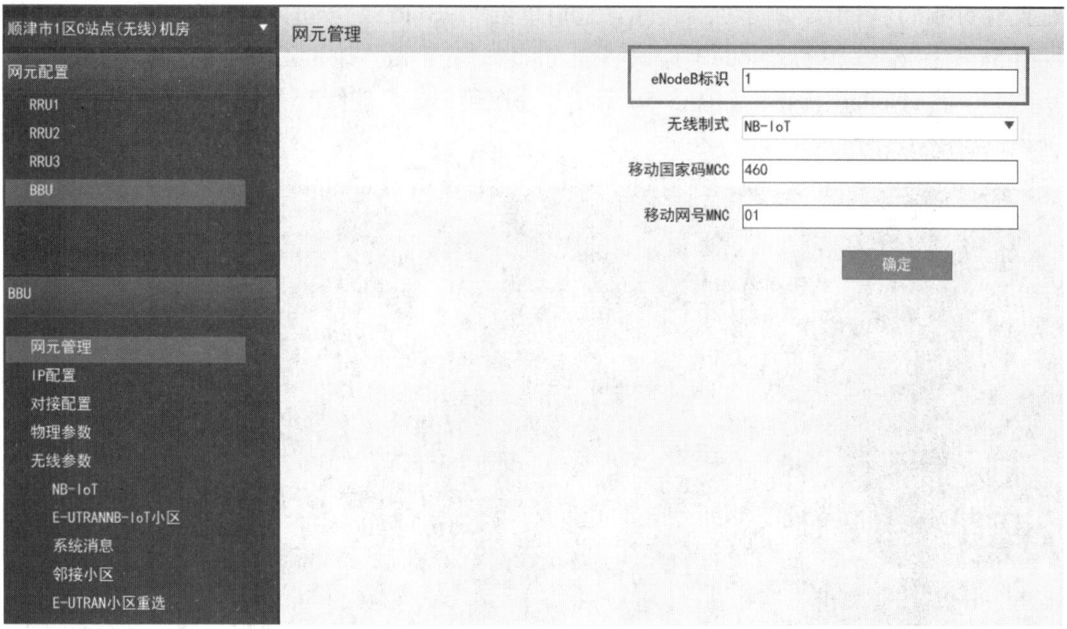
顺津市1区C站点(无线)机房
网元配置
RRU1
RRU2
RRU3
BBU
BBU
网元管理
IP配置
对接配置
物理参数
无线参数
NB-IoT
E-UTRANNB-IoT小区
系统消息
邻接小区
E-UTRAN小区重选
网元管理
eNodeB标识 1
无线制式 NB-IoT
移动国家码MCC 460
移动网号MNC 01
确定

图 3-54

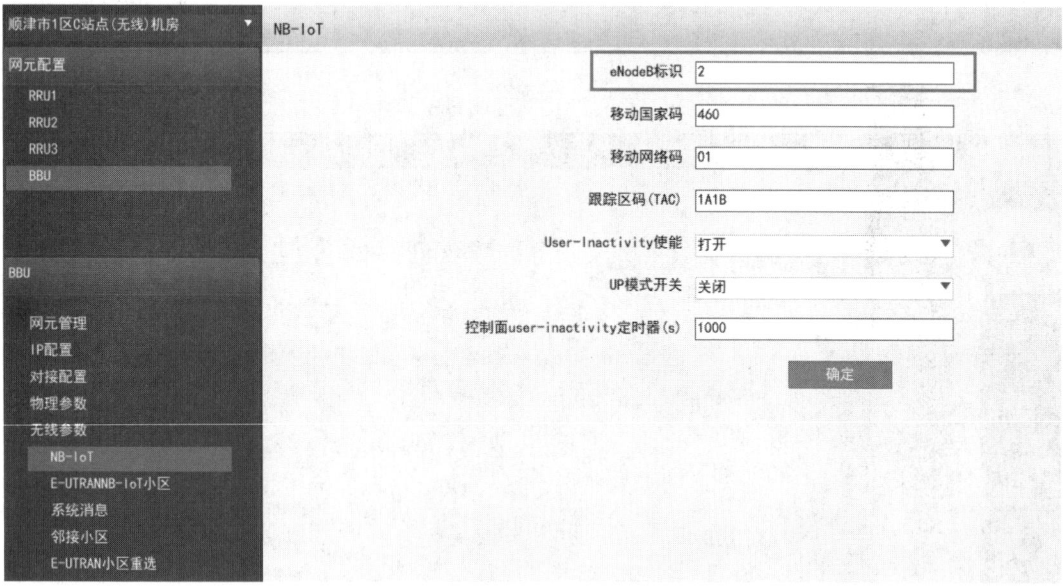
顺津市1区C站点(无线)机房
网元配置
RRU1
RRU2
RRU3
BBU
BBU
网元管理
IP配置
对接配置
物理参数
无线参数
NB-IoT
E-UTRANNB-IoT小区
系统消息
邻接小区
E-UTRAN小区重选
NB-IoT
eNodeB标识 2
移动国家码 460
移动网络码 01
跟踪区码(TAC) 1A1B
User-Inactivity使能 打开
UP模式开关 关闭
控制面user-inactivity定时器(s) 1000
确定

图 3-55

图 3-56

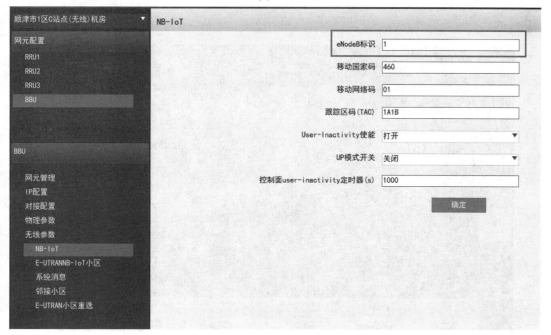

图 3-57

步骤 6：单击 [业务调试] 按钮，再单击 [告警] 按钮，如图 3-58 所示。此时故障已排除，再单击 [业务验证] 按钮，拖动终端放置在 C1 小区，单击 [Attach测试] 按钮，Attach 测试成功后，再单击 [Ping测试] 按钮，Ping 测试成功后，再单击 [上传测试] 按钮和 [下载测试] 按钮。采用同样的方法可完成对 C2 小区和 C3 小区的业务验证，如图 3-59 所示。

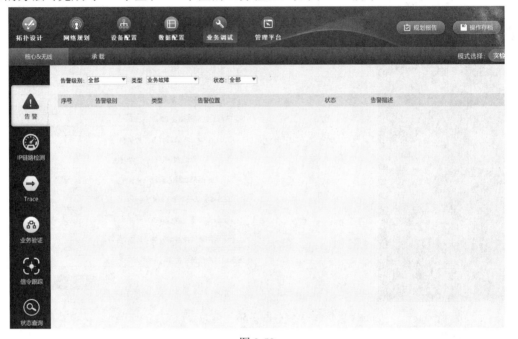

图 3-58

图 3-59

6. 实训总结

排除故障时,可使用告警工具查看具体故障点所在位置,并结合 NB-IoT 网络架构图中各网元之间的对接参数来定位故障点。

7. 思考题

S1-C 链路出现故障时应该排查哪些部分?

8. 练习题

完成 2 区 A 站点和 3 区 B 站点小区的故障排除。

3.2 实战优化实训

本节针对 NB-IoT 网络特性,主要介绍在仿真平台上小区 SINR、RSRP、业务时延、业务速率以及终端遍历参数的优化方式。通过实际问题的处理为学生提供一种网络优化的思路与操作指导。在软件中,承载网链路不会影响业务质量,故本节的优化内容均在实验模式下进行。

网络优化主要包括以下几种:

(1) 无线信号(RSRP 与 SINR)优化:结合软件中的无线参数配置部分,通过合理调整网络参数,优化网络 RSRP、SINR 等信号指标参数。

(2) 业务时延优化:根据网络参数配置,结合实际业务验证情况,合理调整网络参数,减小指定区域内网络业务延时。

(3) 速率优化:通过修改无线参数中的部分参数,合理分配网络带宽资源,优化指定区域内网络业务速率。

(4) 小区重选优化:通过对小区参数中重选参数的优化配置,提高指定路径终端遍历的成功率。

(5) 物联网平台应用:当全网网络环境配置完成后,结合软件进行终端管理平台的配置与操作,实现远程对物联网终端的监测与管理。

3.2.1 RSRP 与 SINR 优化实验

1. 实验目的

掌握 RSRP、SINR 值的参数优化配置。

2. 实验任务

完成 RSRP、SINR 值的业务验证(以 1 区 C 站点的 C1 小区为例)。

3. 建议时长

本实验建议时长为 2 个课时。

4. 实训步骤

任务:RSRP、SINR 值的业务验证。

步骤 1：打开 IUV_NB-IoT 软件，单击上方的 🔍业务调试 按钮，如图 3-60 所示。

图 3-60

步骤 2：单击 ⚙ 业务验证 按钮，拖动终端放至 C1 小区 P3 测试点，测量该点位的 RSRP 值与 SINR 值(因信号强度与质量随环境与时间的变化在某个范围内波动，此值不唯一，RSRP=−114 dBm，SINR=3.79 dB)，如图 3-61 所示。

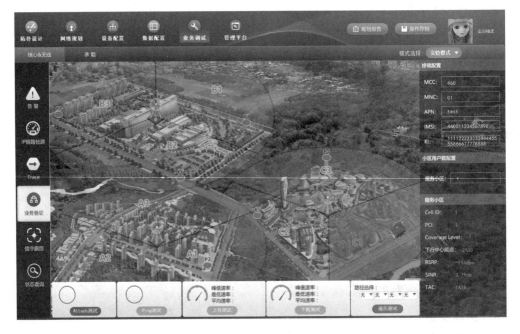

图 3-61

步骤 3：单击 按钮，单击左侧切换机房至 顺津市1区C站点(无线)机房 ，单击 BBU 按钮，在 BBU 参数中单击 无线参数 按钮，之后单击无线参数下的 E-UTRANNB-IoT小区 按钮，该配置下影响信号强度与质量的参数包括同频下小区间模 3 干扰、功率干扰等参数。之后单击"小区 1"按钮，设置小区"RS 参考信号功率"，如图 3-62、图 3-63 所示。

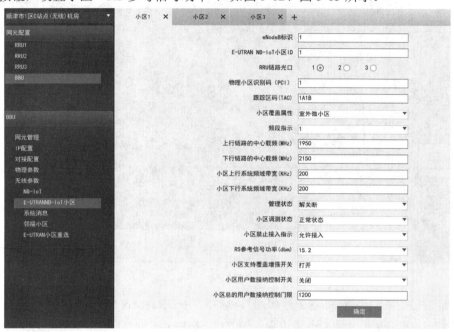

图 3-62

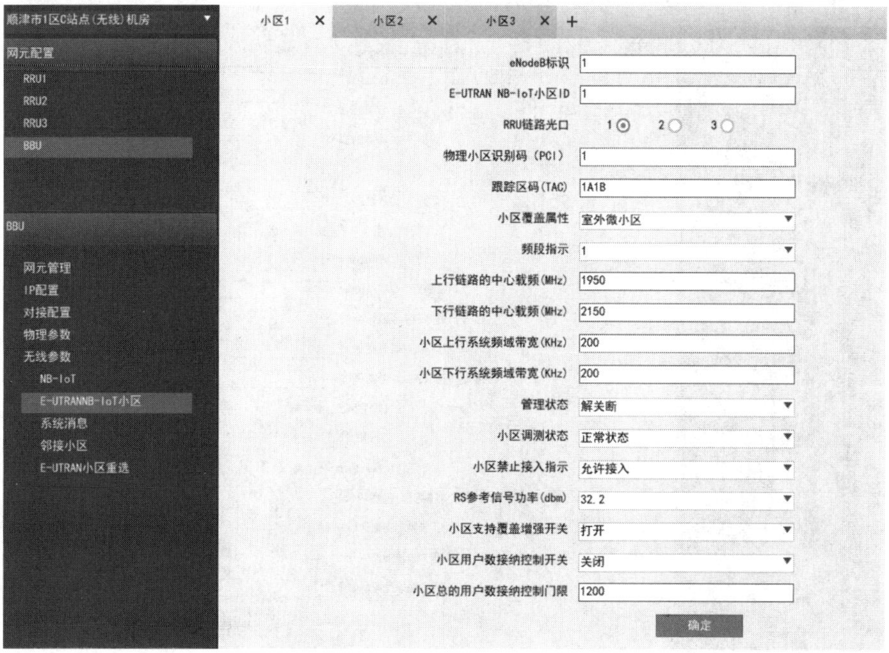

图 3-63

步骤 4：单击 [业务调试] 按钮，再单击 [业务验证] 按钮，拖动终端放至 C1 小区，此处显示的 RSRP 为 –99 dBm，SINR 为 8.81 dB，相比第一次测试的结果，RSRP 值增大了 15 dB，SINR 值 增加了 5.02 dB，如图 3-64 所示。

图 3-64

步骤 5：选择"1 区 C 站点无线机房"，选择"E-URTRAN NB-IoT 小区"配置，单击 "小区 2"按钮，设置"物理小区识别码(PCI)"。在图 4-5 的基础上，RSRP 为 –95 dBm，增大了 4 dBm，SINR 为 11.35 dB，增加了 2.54 dB，如图 3-65、图 3-66 所示。

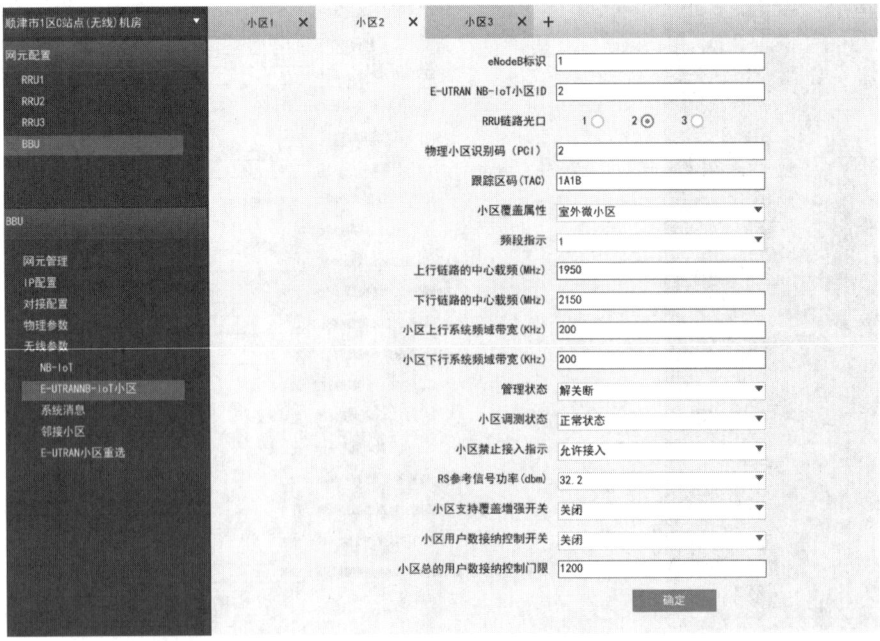

图 3-65

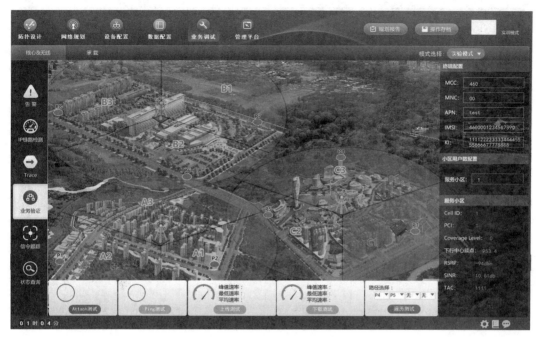

图 3-66

5．项目总结

在小区参数配置时，要注意同频下小区间的模 3 干扰、功率干扰等参数。

6．思考题

小区中还有哪些参数会影响 RSRP、SINR 的值？

7．练习题

完成 C2 小区和 C3 小区的 RSRP、SINR 值的优化。

3.2.2　业务时延优化实验

1．实验目的

通过调整小区参数降低 Attach 测试和 Ping 测试的时延。

2．实验任务

减小 C1 小区 Attach 测试和 Ping 测试的延时(以 1 区 C 站点为例)。

3．建议时长

本实验建议时长为 4 个课时。

4．实训步骤

任务：完成 Attach 测试时延小于等于 950 ms，Ping 测试时延小于等于 700 ms 的参数配置。

步骤 1：打开 IUV_NB-IoT 软件，单击最上方的 ![业务调试] 按钮，如图 3-67 所示。

图 3-67

步骤 2：单击 实验模式 ▼ 按钮，再单击 业务验证 按钮，在出现的软件界面中选择服务小区，拖动终端放至 C1 小区，此处显示的 Attach 测试和 Ping 测试信号的时延明显比预期值高，如图 3-68 所示。

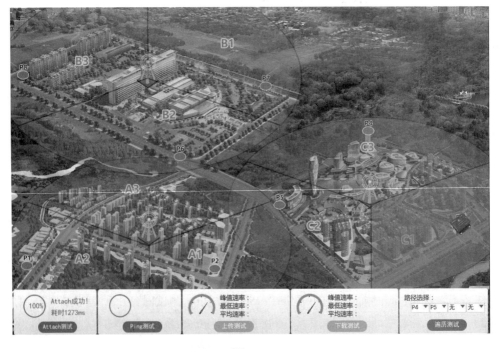

图 3-68

步骤 3：单击上方 按钮，单击左侧切换机房至 顺津市1区C站点(无线)机房 ，单击 BBU 按钮，在"BBU"参数中单击 无线参数 按钮，并单击"无线参数"下的 系统消息 按钮，在右侧选择"NPRACH 资源门限(dBm)"，在左边的边框中输入一个合理的参数值，如图 3-69、图 3-70 所示。

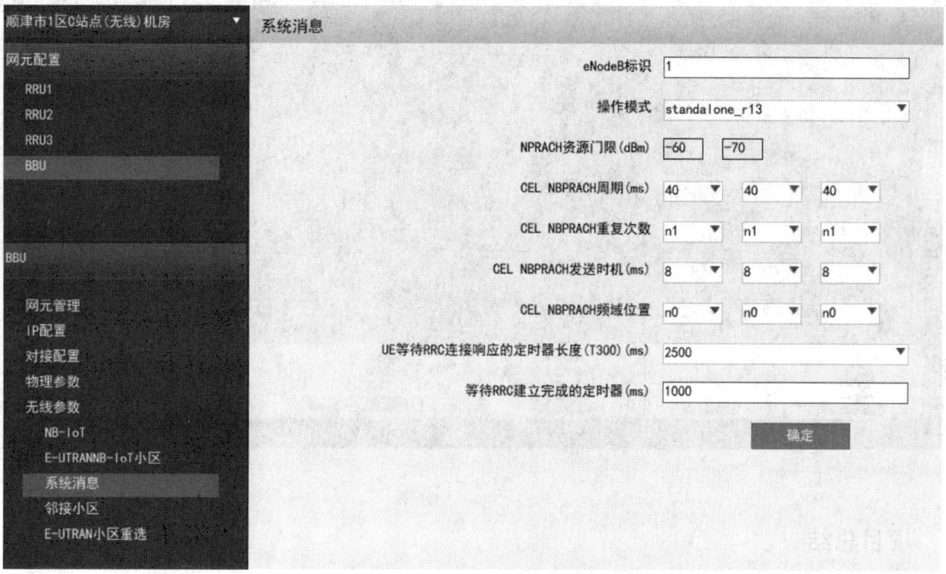

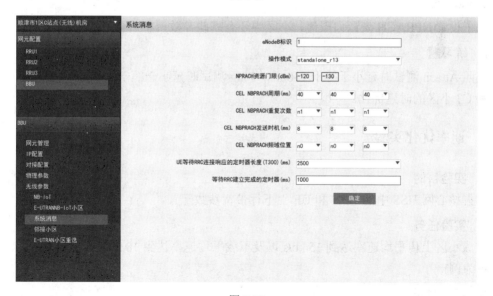

图 3-69

图 3-70

步骤 4：单击 业务测试 按钮，再单击 业务验证 按钮，拖动终端放至 C1 小区，此时显示的 Attach 测试和 Ping 测试时延达到任务要求，如图 3-71 所示。

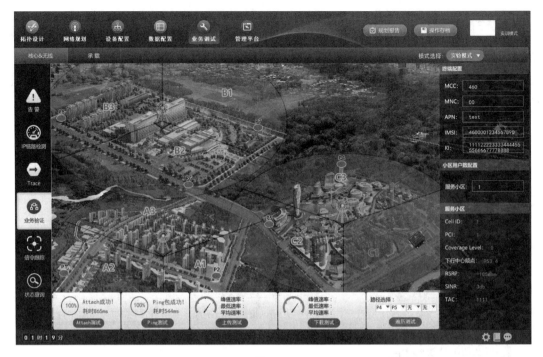

图 3-71

5．项目总结

时延优化时，调整 NPRACH 资源门限，使它左边一列的值越小越好。

6．思考题

除了设置 NPRACH 资源门限值，小区中还有哪些参数调整后会影响时延？

7．练习题

按照 Attach 测试时延小于等于 730 ms，Ping 测试时延小于等于 450 ms 的要求完成 C2 小区和 C3 小区的时延优化。

3.2.3　速率优化实验

1．实验目的

掌握核心网 HSS 中的 APN 和 UE 上下行带宽参数配置。

2．实验任务

完成小区上传平均速率达到 15 kb/s 以及下载平均速率达到 18 kb/s 的参数配置(以 1 区 C 站点为例)。

3．建议时长

本实验建议时长为 2 个课时。

4．实训步骤

任务：小区上传平均速率大于等于 15 kb/s，下载平均速率大于等于 18/kbs 的参数配置。

步骤 1：打开 IUV_NB-IoT 软件，单击最上方 业务调试 按钮，如图 3-72 所示。

图 3-72

步骤 2：单击 实验模式 ▼ 按钮，再单击 业务验证 按钮，在出现的软件界面中选择"服务小区"，拖动终端放至 C1 小区，上传下载速率未达到任务要求的速率，如图 3-73 所示。

图 3-73

步骤 3：单击上方 ▦ 数据配置 按钮，单击左侧切换机房至 顺津市核心网机房 ，单击 HSS 按钮，在"HSS"参数中单击"APN 管理"按钮，在右侧选择 UE-AMBR UL(kbit/s)和 UE-AMBR DL(kbit/s)，输入一个合理的参数值，如图 3-74、图 3-75 所示。

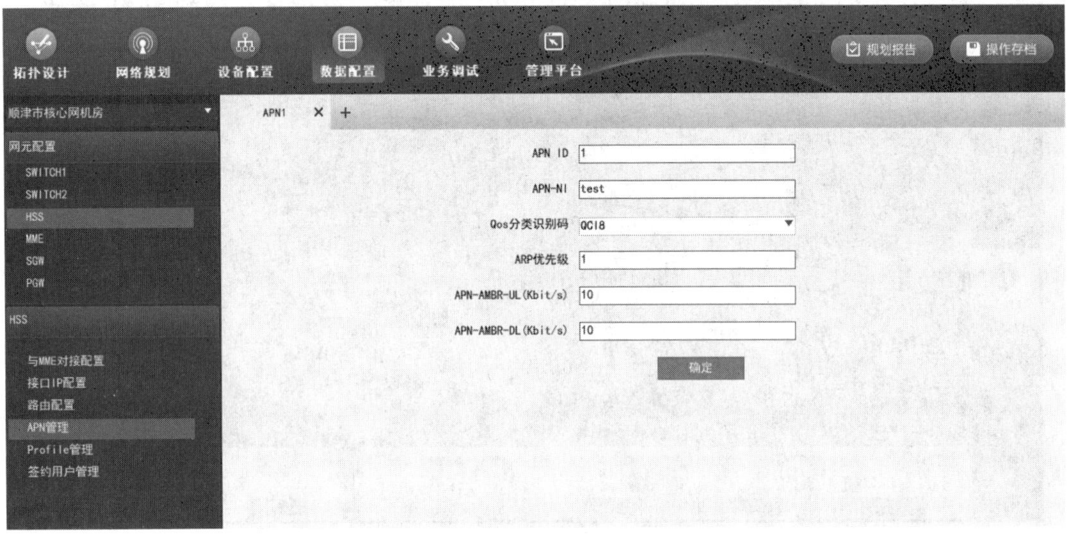

图 3-74

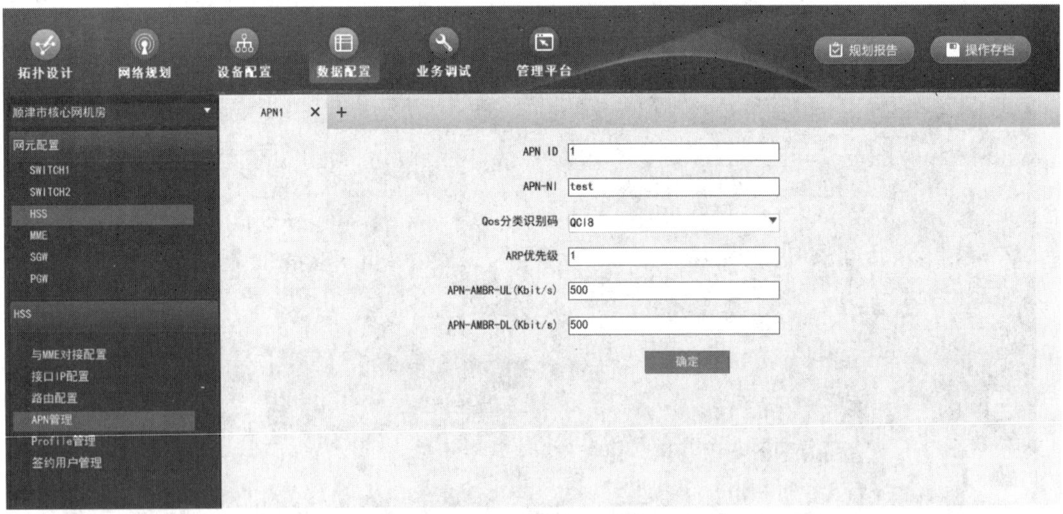

图 3-75

步骤 4：单击 🔧 业务调试 按钮，再单击 🖧 业务验证 按钮，拖动终端放至 C1 小区，此时显示的上传下载测试速率已达到任务要求，如图 3-76 所示。

图 3-76

5．项目总结

上传测试和下载测试一定要在 Ping 测试成功的条件下才可以进行业务验证。在核心网 HSS 网元中有两个调整带宽的方法，一个是利用"ANP 管理"中的 APN 上下行带宽进行调整，另一个是利用"Profile 管理"中的 UE 上下行带宽进行调整。

6．思考题

在核心网 HSS 网元中"ANP 管理"和"Profile 管理"中的带宽是以哪个的带宽为准？

7．练习题

完成 C2 和 C3 小区的上传平均速率大于等于 21 kb/s，下载平均速率大于等于 21 kb/s 的速率要求。

3.2.4　小区重选优化实验

1．实验目的

(1) 掌握 NB-IoT 小区重选业务验证方式；

(2) 掌握 NB-IoT 小区重选参数取值与配置。

2．实验任务

完成顺津市 1 区 C 站点 C2 小区与 C3 小区(P5 到 P4)重选业务优化。

3. 实验规划

顺津市 C 站点小区参数配置如表 3-2 所示。

表 3-2　C 站点小区参数配置表

eNodeB 标识	移动国家码 MCC	移动网络号 MNC	RRU 频段 /MHz	小区分类	小区 ID	TAC	PCI	频段	上行载频	下行载频	管理状态	功率 /dBm
1	460	01	1900～2200	小区 1	1	1A1B	1	1	1950	2150	解关断	32.2
				小区 2	2	1A1B	4	1	1950	2150	解关断	32.2
				小区 3	3	1A1B	3	1	1970	2156	解关断	29.2

4. 建议时长

本实验建议时长为 6 个课时。

5. 实训步骤

任务：顺津市 1 区 C 站点 C2 小区与 C3 小区(P5 到 P4)重选业务优化。

步骤 1：检查 C2 小区与 C3 小区相邻边缘处各自的信号强度，其中，C3 小区边缘 RSRP 值为 −76 dBm，C2 小区边缘 RSRP 值为 −83 dBm(作为后续遍历参数配置的数据基础)，如图 3-77、图 3-78 所示。

图 3-77

图 3-78

步骤 2：单击上方 按钮，在左侧切换机房至"顺津市 1 区 C 站点(无线)机房"，"网元配置"中单击 BBU 按钮，"BBU"参数中单击 无线参数 按钮，之后单击"无线参数"下的 E-UTRAN小区重选 按钮，如图 3-79 所示。

图 3-79

步骤 3：检查 C3 小区的重选参数配置，修订其中不合理的参数(根据表 3-2 可知，C2 小区与 C3 小区为同频小区，检查 C3 小区重选配置中同频重选部分参数)，如图 3-80、图 3-81 所示。

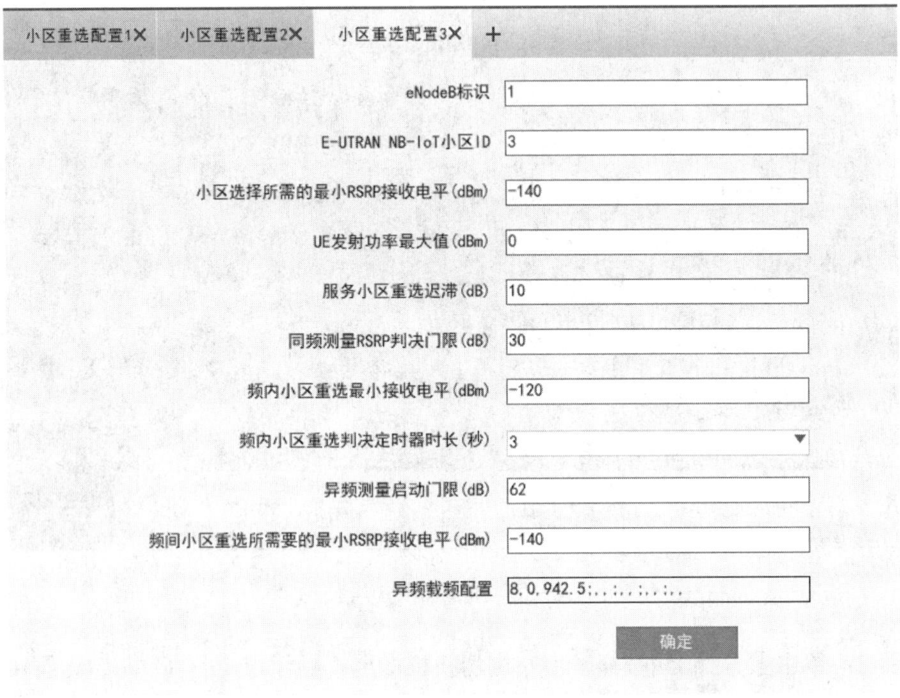

| 小区重选配置1✕ | 小区重选配置2✕ | 小区重选配置3✕ | + |

eNodeB标识	1
E-UTRAN NB-IoT小区ID	3
小区选择所需的最小RSRP接收电平(dBm)	-140
UE发射功率最大值(dBm)	0
服务小区重选迟滞(dB)	10
同频测量RSRP判决门限(dB)	30
频内小区重选最小接收电平(dBm)	-120
频内小区重选判决定时器时长(秒)	3 ▼
异频测量启动门限(dB)	62
频间小区重选所需要的最小RSRP接收电平(dBm)	-140
异频载频配置	8, 0, 942.5;, ;, ;, ;, ;,

确定

图 3-80

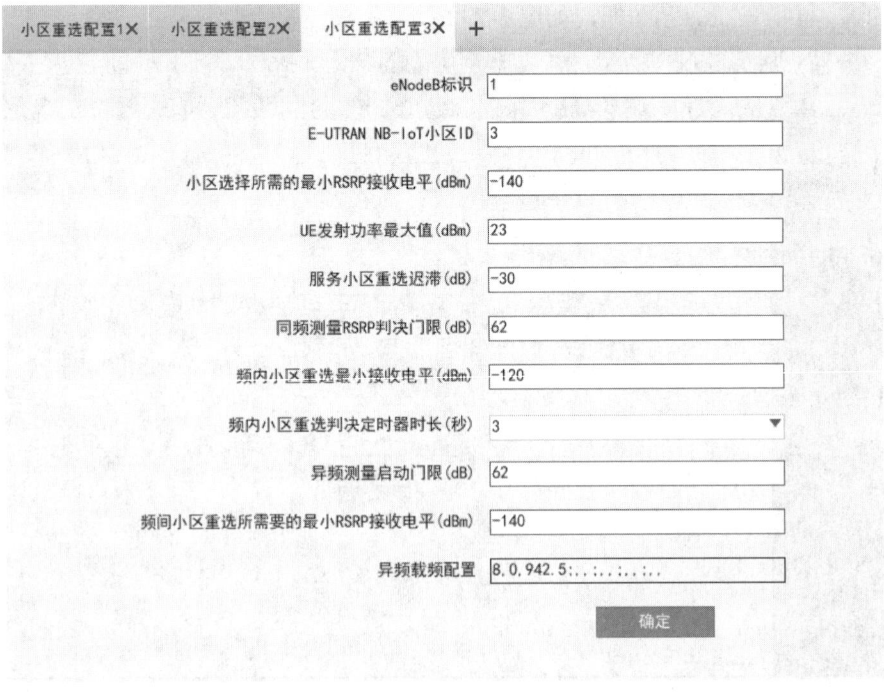

| 小区重选配置1✕ | 小区重选配置2✕ | 小区重选配置3✕ | + |

eNodeB标识	1
E-UTRAN NB-IoT小区ID	3
小区选择所需的最小RSRP接收电平(dBm)	-140
UE发射功率最大值(dBm)	23
服务小区重选迟滞(dB)	-30
同频测量RSRP判决门限(dB)	62
频内小区重选最小接收电平(dBm)	-120
频内小区重选判决定时器时长(秒)	3 ▼
异频测量启动门限(dB)	62
频间小区重选所需要的最小RSRP接收电平(dBm)	-140
异频载频配置	8, 0, 942.5;, ;, ;, ;, ;,

确定

图 3-81

步骤 4：单击上方  按钮，在左侧单击 按钮，在遍历测试处选择路径为 P4 到 P5，如图 3-82 所示。

图 3-82

步骤 5：单击"遍历测试"按钮，观察遍历测试结果，终端成功到达 P5 点位，小区重选测试成功，如图 3-83 所示。

图 3-83

6．项目总结

在小区重选优化过程中，应着重注意重选小区与原小区互为同频小区还是异频小区，注重掌握小区重选的测量判决准则，合理填写相应参数。

7．思考题

(1) 在异频小区重选配置中，异频载频配置处中心载频应配置上行中心载频还是下行中心载频？

(2) P6 到 P5 间重选共经历了几个小区，应该如何配置重选参数？

8．练习题

完成顺津市 A2 小区与 C2 小区(P2 到 P5)间的小区重选。

3.2.5 物联网应用管理实验

1．实验目的

(1) 掌握 NB-IoT 管理平台终端的管理配置；

(2) 掌握 NB-IoT 管理平台终端的行为管理；

(3) 掌握 NB-IoT 管理平台终端的任务管理；

(4) 掌握 NB-IoT 管理平台的数据统计与告警查看。

2．实验任务

(1) 完成 NB-IoT 管理平台终端的数据添加；

(2) 完成 NB-IoT 管理平台终端的行为管理；

(3) 完成 NB-IoT 管理平台终端的任务下发；

(4) 完成 NB-IoT 管理平台终端的告警查看；

(5) 完成 NB-IoT 管理平台终端的行为数据统计。

3．实验规划

顺津市 C 站点部分终端信息如表 3-3 所示。

表 3-3　终端信息表

移动国家码 MCC	移动网络号 MNC	APN	IMSI	终端名称	终端类型	终端位置
460	01	test	460011234567890	MS1	智能门锁	C1
			460011234567891	SB1	智能水表	C1
			460011234567892	DB1	智能电表	C1
			460011234567893	DC1	共享单车	C1
			460011234567894	BC1	自动泊车	C1
			460011234567895	MS2	智能门锁	C2
			460011234567896	SB2	智能水表	C2
			460011234567897	DB2	智能电表	C2
			460011234567898	DC2	共享单车	C2
			460011234567899	BC2	自动泊车	C2

4. 建议时长

本实验建议时长为 8 个课时。

5. 实训步骤

任务一：NB-IoT 管理平台终端数据添加。

步骤 1：打开 IUV_NB-IoT 软件，单击最上方 数据配置 按钮。

步骤 2：在软件左边栏中切换机房至"顺津市核心网机房"，网元配置选择"HSS"，选择其"签约用户管理"，单击主界面左上角"+"号按钮，弹出终端信息配置界面，如图 3-84 所示。

图 3-84

步骤 3：根据项目概述中的终端信息，结合 HSS 自身参数，完成所有终端用户开户信息的填写(每新增一个用户单击对应的"确定"按钮)，如图 3-85 所示。

| 用户1✕ | 用户2✕ | 用户3✕ | 用户4✕ | 用户5✕ | 用户6✕ | 用户7✕ | 用户8✕ | 用户9✕ | 用户10✕ + |

IMSI 460011234567899

MSISDN 13312345679

Profile ID 1

鉴权管理域 FFFF

KI 11112222333344445555666677778888

鉴权算法 Milenage ▼

确定

图 3-85

步骤 4：单击软件上方 ![管理平台] 按钮，切换软件至管理平台模块，在左侧"物联网管理平台"下单击"终端管理"按钮，主界面将出现终端数据配置界面，如图 3-86 所示。

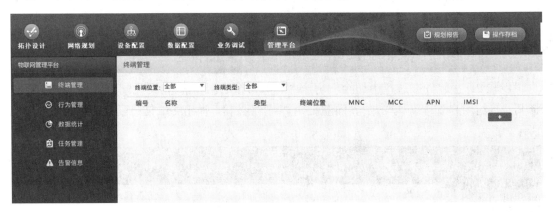

图 3-86

步骤 5：单击主界面 ➕ 按钮，依据任务说明中所给出的终端信息表，完成所有终端数据的填写，填写完成后单击下方 确定 按钮，如图 3-87 所示。

编号	名称	类型	终端位置	MNC	MCC	APN	IMSI	
1	MS1	智能门锁	C1	01	460	test	460011234567890	✕
2	SB1	智能水表	C1	01	460	test	460011234567891	✕
3	DB1	智能电表	C1	01	460	test	460011234567892	✕
4	DC1	共享单车	C1	01	460	test	460011234567893	✕
5	BC1	自动泊车	C1	01	460	test	460011234567894	✕
6	MS2	智能门锁	C2	01	460	test	460011234567895	✕
7	SB2	智能水表	C2	01	460	test	460011234567896	✕
8	DB2	智能电表	C2	01	460	test	460011234567897	✕
9	DC2	共享单车	C2	01	460	test	460011234567898	✕
10	BC2	自动泊车	C2	01	460	test	460011234567899	✕

图 3-87

任务二：NB-IoT 管理平台终端行为管理。

步骤 1：单击软件上方 ![管理平台] 按钮，切换软件至管理平台模块，在左侧"物联网管理平台"下单击"行为管理"按钮，主界面将出现终端行为管理界面，如图 3-88 所示。

图 3-88

步骤 2：在软件主界面上方，通过下拉选择操作，确定需要管理的终端所在位置和类型，最终通过终端名称确定被选终端(以 MS2 为例)，如图 3-89 所示。

图 3-89

步骤 3：单击主界面中 按钮，观察主界面右侧门锁状态变化(状态信息和动画示例)，如图 3-90、图 3-91 所示。

编号：6
类型：智能门锁
IMSI：460011234567895
状态：关闭
异常信息：无

图 3-90

编号：6
类型：智能门锁
IMSI：460011234567895
状态：打开
异常信息：无

图 3-91

任务三：NB-IoT 管理平台终端任务下发。

步骤 1：单击软件上方 管理平台 按钮，切换软件至管理平台模块，在左侧 "物联网管理平台" 下单击 "任务管理" 按钮，主界面将出现终端任务管理界面，如图 3-92 所示。

图 3-92

步骤 2：单击主界面 ![+] 按钮，根据弹出的界面提示，按照需要针对不同终端进行任务添加(涵盖终端编号处可以添加多个终端，但各个终端间需处于同一小区且为相同类型终端，添加格式为"1,2,3…")，如图 3-93 所示。

图 3-93

步骤 3：单击不同任务后面的 ![下发任务] 按钮，根据弹出的任务详情窗口接收任务是否下发成功等信息。任务成功与任务失败界面分别如图 3-94、图 3-95 所示。

图 3-94

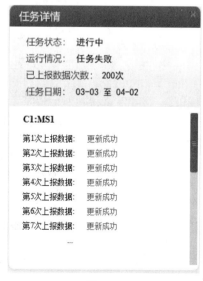

图 3-95

任务四：NB-IoT 管理平台终端告警查看。

步骤 1：在终端在行为管理中，单击对应操作(如智能门锁 MS2 终端中"开锁"与"关锁"操作)，终端状态不能正确更新，门锁示意图未能正常响应，如图 3-96 所示。

图 3-96

在终端任务下发操作，任务详情提示任务失败，如图 3-97 所示。

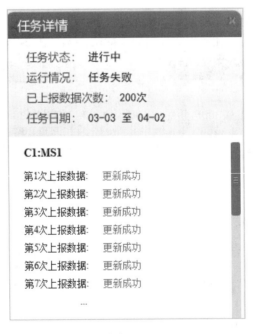

图 3-97

步骤 2：单击软件上方 按钮，切换软件至管理平台模块，在左侧"物联网管理平台"下单击"告警信息"按钮，可以查看终端行为管理异常、任务下发失败的具体原因，以便后续分析处理，如图 3-98 所示。

物联网管理平台	告警信息				
终端管理	告警位置：全部 ▼	告警类型：全部 ▼			
行为管理	编号	名称	终端位置	告警描述	告警类型
数据统计	1	MS1	C1	终端电量不足	性能类
任务管理	6	MS2	C2	终端接入失败	网络类
告警信息					

图 3-98

任务五：NB-IoT 管理平台终端行为数据统计。

步骤 1：单击软件上方 按钮，切换软件至管理平台模块，在左侧"物联网管理平台"下单击"数据统计"按钮，可以查看所有终端业务请求次数、业务成功率等信息，如图 3-99 所示。

物联网管理平台	数据统计						
终端管理	终端位置：全部 ▼	终端类型：全部 ▼	终端名称：全部 ▼				
行为管理	编号	名称	业务请求次数	业务成功次数	终端位置	终端类型	成功率
数据统计	1	MS1	1497	457	C1	智能门锁	30.52%
任务管理	2	SB1	0	0	C1	智能水表	0%
告警信息	3	DB1	0	0	C1	智能电表	0%
	4	DC1	0	0	C1	共享单车	0%
	5	BC1	0	0	C1	自动泊车	0%
	6	MS2	16	10	C2	智能门锁	62.5%
	7	SB2	0	0	C2	智能水表	0%
	8	DB2	0	0	C2	智能电表	0%
	9	DC2	0	0	C2	共享单车	0%
	10	BC2	0	0	C2	自动泊车	0%

图 3-99

步骤 2：单击主界面上方的"终端位置""终端类型"和"终端名称"按钮，通过下拉选择可以查看某些指定位置、指定类型或指定终端的业务请求次数与成功率等信息，如图 3-100 所示。

数据统计						
终端位置：C1 ▼	终端类型：全部 ▼	终端名称：全部 ▼				
编号	名称	业务请求次数	业务成功次数	终端位置	终端类型	成功率
1	MS1	1497	457	C1	智能门锁	30.52%
2	SB1	0	0	C1	智能水表	0%
3	DB1	0	0	C1	智能电表	0%
4	DC1	0	0	C1	共享单车	0%
5	BC1	0	0	C1	自动泊车	0%

图 3-100

6. 项目总结

在管理平台中，所有被添加管理的终端需先在 HSS 中进行开户，且各终端应该具有唯一的 IMSI 值。

7. 思考题

(1) 终端任务下发失败，告警原因为终端电量不足，该告警应该如何处理？

(2) 终端行为管理中出现行为失败，查看告警为终端接入失败，该告警的可能原因有哪些？

8. 练习题

给顺津市 1 区 C 站点 C3 小区合理配置 3 个终端，分别为智能门锁、共享单车和智能电表，并完成各终端的行为管理，给智能门锁下发系统更新任务，周期为 12 小时一次，时长为 7 天。

参 考 文 献

[1] 陈佳莹，张溪，林磊.IUV-4G 移动通信技术[M].北京：人民邮电出版社，2016.

[2] 罗芳盛，林磊.IUV-承载网通信技术实战指导[M].北京：人民邮电出版社，2016.